ulmer

Peter Wohlleben

WOHLLEBENS WALDFÜHRER

Tiere & Pflanzen bestimmen – das Ökosystem entdecken

2. Auflage

Inhalt

Mein Waldführer

Die mitteleuropäischen Wälder sind Heimat für Zehntausende von Tier- und Pflanzenarten. Laut einer Information des Bundesamtes für Naturschutz (BfN) gibt es allein in Bayern 480 verschiedene Laufkäferarten. Wo soll da ein Waldführer anfangen, wo enden? Andersherum können wir bei einer Wanderung immer nur einen Bruchteil entdecken, gibt es Tiere und Pflanzen, die sich häufig zeigen, während andere nur in bestimmten Gebieten und nur nachts zu sehen sind. Besonders spannend sind natürlich die Arten, die entweder extrem selten auftreten oder aber einen ausgefallenen „Lebenslauf" haben, sich ungewöhnlich verhalten oder für den Wald sehr wichtig sind. Dafür habe ich andere Tiere und Pflanzen, die ebenfalls bedeutsam für das Ökosystem Wald sind, weglassen müssen. Das ist aber selbst in hochkarätigen wissenschaftlichen Lexika oftmals der Fall. Und was Sie wissen sollten: In Mitteleuropa sind noch längst nicht alle Arten entdeckt. In den heimischen Wäldern können Sie also ebenso spannende Forschungsgänge unternehmen wie am Amazonas.

Ist die Haselnuss unwichtig? Nein, ganz im Gegenteil, sie hat nur in diesem Buch ihren Platz an den ebenfalls sehr häufigen, aber unbekannteren Faulbaum abgegeben.

Ich habe mich entschlossen, eine Auswahl zu treffen, die von allem etwas enthält. So kann Ihr nächster Spaziergang mit diesem Buch zu einer Entdeckungsreise werden, bei der Sie Allerweltsarten, aber auch seltene Kostbarkeiten bestimmen können.

Für manche Pflanzen gibt es Hinweise auf Giftigkeit. Gehen Sie bei allen anderen im Zweifelsfall sicherheitshalber davon aus, dass sie ebenfalls ungenießbar sind, es sei denn, es wird in der Artenbeschreibung explizit darauf hingewiesen, dass man sie essen kann.

Sie finden in der Beschreibung der einzelnen Arten jeweils die lateinische Bezeichnung und die Gattungszugehörigkeit – Ordnung muss sein. Der anschließende Text enthält Hintergrundinformationen mit vielen kaum bekannten Details. Unter „Merkmale“ ist eine genauere Beschreibung aufgeführt, oft ergänzt mit ähnlichen Arten, die zu Verwechslungen führen können. Im letzten Kapitel steigen wir tiefer in das Ökosystem Wald – oder das, was der Mensch von ihm übrig gelassen hat – ein. Urteilen Sie nach der Lektüre und einem anschließenden Spaziergang selbst, wie natürlich oder forstwirtschaftlich verändert die Wälder Ihrer Heimat sind. Ich wünsche Ihnen viel Spaß beim Lesen, Entdecken und Staunen!

Ihr Peter Wohlleben

▲ Ricke und Rehbock mit rotbraunem Sommerfell.

Reh

Capreolus capreolus | Hirsche

Merkmale:
Fell rotbraun (im Sommer) bis graubraun (im Winter), Hinterteil mit schneeweißem „Spiegel", Gewicht selten über 30 kg, Böcke mit kleinem Geweih, welches im Herbst abgeworfen wird.

Das Reh ist unsere kleinste Hirschart. Als typischer Waldbewohner ist es ein Einzelgänger, lediglich in großen, steppenartigen Agrarlandschaften bildet es Rudel (sogenannte „Sprünge"). Die Weibchen (Ricken) legen ihre Kitze in den ersten Lebenswochen versteckt ab und begeben sich dann auf Nahrungssuche. Deshalb sollten Sie niemals Kitze mitnehmen, die verlassen aussehen.

Rehe sind Versteckkünstler – von den rund 50 Tieren pro Quadratkilometer Wald sehen Wanderer recht wenig. Nur ihr „Schrecken", ein hundeartiges Bellen, verrät sie, wenn sie sich gestört fühlen.

▲ Ein prächtiger Rothirsch – unwiderstehlich für die weiblichen Tiere.

▶ Fraßschaden an einer Kiefer. Der Baum wird faulen und abbrechen.

Rothirsch

Cervus elaphus | Hirsche

Der Rothirsch bildet als echter Steppenbewohner Rudel. Durch die Jagd und die Verarmung der Agrarlandschaft ist er in den Wald ausgewichen, wo der bis zu 150 kg schwere Pflanzenfresser enorme Schäden an großen und kleinen Bäumen anrichtet. Hirsche fressen im Gegensatz zu Rehen nicht nur Gräser, Kräuter und Baumtriebe, sondern auch Rinde, wodurch die Baumstämme faulen und wertlos werden.

Für viele Jäger ist der Hirsch das begehrenswerteste Wild, weswegen sie ihn füttern und so die Bestände in den letzten Jahren drastisch erhöhten. Ohne Raubtiere wird diese Situation kaum zu ändern sein, weshalb sich Naturschützer über die Rückkehr von Wolf und Luchs freuen.

Merkmale:
Fell ähnlich gefärbt wie beim Reh, saisonal rotbraun bis graubraun, männliche Hirsche entwickeln mit zunehmendem Alter immer mächtigere Geweihe.

▲ Der Damhirsch bildet im Gegensatz zum Sikahirsch oft schaufelförmige Geweihe.

◀ Sikahirsch, ebenfalls nicht heimisch.

Damhirsch

Cervus dama | Hirsche

Merkmale:
Fell im Sommer rostrot mit weißen Flecken, im Winter braungrau, oft Farbanomalien. Größe zwischen Reh und Rothirsch (Schulterhöhe bis 1 m), Verwechslungsmöglichkeit mit dem Sikahirsch (*Cervus nippon*), dieser ohne das schaufelförmige Geweih älterer männlicher Damhirsche.

Der Damhirsch stammt ursprünglich aus Kleinasien und wurde verstärkt seit dem 17. Jahrhundert als jagdbare Hirschart eingeführt. Bis heute werden (allerdings meist illegal) jährlich zahlreiche Tiere ausgesetzt, um Jagdreviere, in denen sonst nur Rehe vorkommen, für Jäger interessanter zu machen. Dem Wald tut das überhaupt nicht gut, denn die Damhirsche fressen vielfach sämtliche jungen Laubbäume und reißen älteren die Rinde herunter. Um dieses merkwürdige Treiben zu verharmlosen, werden die Tiere als „heimisch" und damit als Naturbestandteil deklariert – und wer ist schon gegen Natur?

▲ Wildschweine können sehr gut riechen und hören und meiden im Wald die Menschen.

Wildschwein

Sus scrofa | Schweine

Wildschweine beherrschen die Schlagzeilen: Die munteren Allesfresser, eigentlich in Wäldern zu Hause, tauchen regelmäßig in unseren Vorgärten und sogar in Städten auf. Grund soll die Landwirtschaft mit großen Maisfeldern sein, die mit ihrem Nahrungsangebot zu Massenvermehrungen führt. Tatsächlich ist es aber eine massive Fütterung durch Jäger, die die Bestände anschwellen lässt. Wildschweine lieben die Abwechslung und durchpflügen, nachdem sie an einer Fütterung Mais gefressen haben, Wiesen und Felder, um Regenwürmer oder Mäuse zu fangen. Im Mai erbeuten sie manchmal auch Rehkitze. Wo sich eine Wildschweinrotte längere Zeit im Wald aufgehalten hat, schwebt auch noch Stunden später ein Duft, der an Maggi erinnert, in der Luft.

Merkmale:
Jungtiere (Frischlinge) mit gestreiftem Fell, später braun und ältere Tiere dann schwarz-grau. Das Wildschwein ähnelt dem Hausschwein, dessen Stammform es ist. Männliche Tiere (Keiler) mit scharfen Eckzähnen, die sie als Waffen benutzen.

▲ Wölfe sind sehr sozial und leben in Familienverbänden.

Wolf

Canis lupus | Hunde

Merkmale:
Fell meist grau, kann aber auch von Braun bis Schwarz variieren. Gestalt ähnlich einem großen Haushund, aber mit breiterem Kopf und kleineren Ohren. Der buschige Schwanz wird oft waagerecht getragen.

„Wo der Wolf geht, wächst der Wald" – so sagt ein altes russisches Sprichwort. Und es stimmt, denn er vertreibt die großen Pflanzenfresser aus den Kinderstuben der Buchen und Eichen, sodass die kleinen Bäume unbefressen wachsen können. In diesen Dickichten ist es Rehen, Hirschen und Wildschweinen zu unsicher, da sie die anpirschenden Wölfe hier nicht sehen können. Daher halten sie sich lieber am Waldrand oder oberhalb der Baumgrenze auf.
Viele Menschen schüren völlig unnötig unsere Furcht vor dem Urahn der Hunde, von denen er sich im Wesentlichen durch eines unterscheidet: Er hat Angst vor dem Menschen. Doch manchen Jägern gilt er als Konkurrenz, und daher schreibt die Presse regelmäßig von illegalen Abschüssen.

▲ Hat dieser Fuchs eine Maus gehört? Sie zählt zu seinen Lieblingsspeisen.

Rotfuchs

Vulpes vulpes | Hunde

Der Rotfuchs war bis zur Rückkehr von Luchs und Wolf unser größtes verbliebenes Landraubtier. Auch er wurde mit allen Mitteln bekämpft. Höhepunkt waren die Begasungen von Fuchsbauen in den 1970er-Jahren, dennoch hat die Art überlebt, was eine enorme Anpassungsfähigkeit beweist. Der Fuchs ist mittlerweile in vielen Städten heimisch und ernährt sich dort teilweise von Abfällen. Der nachgesagte negative Einfluss auf seltene Bodenbrüter ist wohl übertrieben: Füchse fressen in freier Natur hauptsächlich Mäuse und Regenwürmer. Selbst im Winter kommen sie an die Kleinsäuger. Mit ihren großen Ohren erlauschen sie dazu das Mäusepfeifen, springen dann in die Luft und durchstoßen die Schneedecke.

Merkmale:
Fell hell rotbraun, Unterseite weiß, dick-buschiger Schwanz. Bellt heiser und hoch (wie ein kleiner Hund).

▲ **Luchse brauchen riesige Reviere von mehr als 50 km² Größe.**

Luchs

Lynx lynx | Katzen

Merkmale:
Fell rötlich braun (im Sommer) bis graubraun (im Winter), meist deutlich gefleckt, Unterseite weiß. Ohren mit Haarpinseln, Stummelschwanz. Körper etwa schäferhundgroß.

Der Eurasische Luchs war wie der Wolf lange Zeit ausgerottet. Er ernährt sich überwiegend von Rehen und kann davon durchschnittlich 50 Stück pro Jahr erbeuten. In Siedlungsnähe frisst er aber auch Schafe oder Ziegen, weshalb er früher erbittert verfolgt wurde. Mittlerweile ist er in fast allen Mittelgebirgen und im Alpenraum wieder heimisch, allerdings nur in verschwindend geringer Zahl und mit fragwürdigen Zukunftsaussichten. Da er sich nicht so gut ausbreitet wie der Wolf, sind Auswilderungsprojekte sehr sinnvoll. Katzenbesitzer in Waldrandlage werden von ihrem Haustier über Luchse informiert: Sobald die große Katze im Umkreis von einigen Kilometern unterwegs ist, traut sich die kleinere in vielen Fällen nicht mehr vor die Tür.

▲ Wild- oder Hauskatze? Letzte Sicherheit bringt nur eine Genanalyse.

Wildkatze

Felis silvestris | Katzen

Die Wildkatze stand kurz vor der Ausrottung, weil sie den Ruf besaß, Rehe und sogar Hirschkälber zu reißen. Daher wurde sie als vermeintliche Konkurrenz stark bejagt. Heute wissen wir, dass sie sich überwiegend von Mäusen ernährt. Wildkatzen lassen sich nicht zähmen und kreuzen sich kaum mit Hauskatzen. Das war ihr Glück, denn durch die massenhafte Einführung von Katzen ägyptischen Ursprungs (der Stammform unserer „Stubentiger") in der Römerzeit wären sie sonst bis heute längst ausgestorben. So aber haben sich etwa 400 Tiere in Eifel und Hunsrück genetisch rein erhalten, deren Zahl sich durch Schutzprogramme und Wiederansiedlungen inzwischen deutlich erhöht hat. Getigerte Exemplare, die sich im Winter weiter als 2 km von der nächsten Siedlung entfernt aufhalten, sind mit einiger Sicherheit Wildkatzen.

Merkmale:
Fell von Jungtieren getigert (ähnlich Hauskatze), später gelblich braun verwaschen. Schwanz dick, geringelt und mit schwarzem Ende. Etwas größer als Hauskatze, sichere Bestimmung jedoch nur über Genanalyse möglich.

▲ Dieser Dachs wiegt etwa 10 kg. Sein Erscheinen deutet auf eine intakte Natur hin.

Dachs

Meles meles | Marder

Merkmale:
Fell oberseits grau, unterseits schwarz. Kopf weiß mit jeweils einem breiten, schwarzen Streifen von der Schnauze über das Auge bis zum Ohr. Gesamterscheinung flach-gedrungen, Gewicht um 10 kg.

Der Dachs ist ein nachtaktiver und sehr scheuer Geselle. Sein gedrungener Körperbau, der an einen Riesenmaulwurf erinnert, ist wie geschaffen für den Höhlenbau. Oft muss er allerdings nicht graben, denn Dachsbaue werden viele Jahrzehnte und von mehreren Generationen genutzt. Von diesen Bauen profitiert auch der Fuchs, der sich manchmal sogar dann einquartiert, wenn in einem anderen Gangteil noch der Erbauer lebt. Der Fuchs wurde dem Dachs im 20. Jahrhundert fast zum Verhängnis. Weil die Baue begast wurden, um Meister Reineke auszurotten, erwischte es vielfach auch Dachse, die so im Bestand stark zurückgingen. Da er ruhige Waldgebiete mit vielfältigen ökologischen Strukturen braucht, ist sein Auftreten ein guter Indikator dafür, dass der Lebensraum auch für die Wildkatze geeignet ist.

▲ Baummarder sind geschickte Kletterer und jagen vorwiegend in Baumkronen.

Baummarder

Martes martes | Marder

Der Baummarder ist ein reiner Waldbewohner und ein geschickter Kletterer. Er besteigt mühelos selbst die glattrindige Buche und sucht hoch oben nach Nahrung. Als Allesfresser mit deutlicher Vorliebe für Fleisch schaut er sich gerne Baumhöhlen an, um dort nach Vogeljungen zu suchen. Die Höhlen von Buntspechten sind zu eng für den Baummarder, diejenigen der Schwarzspechte aber sind groß genug. Da Holz Schall extrem gut leitet, werden die Vögel allerdings vorgewarnt, sobald die scharfen Marderkrallen unten am Stamm zum Aufstieg ansetzen. Dann gelingt zumindest den flugfähigen älteren Vögeln die Flucht (oder der Angriff).
Baummarder sind keine Autoliebhaber – die Kabelbisse gehen auf das Konto seiner Verwandten aus der Stadt, der Steinmarder.

Merkmale:
Fell braun mit gelbweißem Kehlfleck, buschiger Schwanz (Länge etwa ein Drittel der Gesamtlänge des Tieres). Verwechslungsmöglichkeit mit Steinmarder (*Martes foina*), dieser jedoch mit gegabeltem Brustfleck. Gewicht zwischen 0,8 und 1,7 kg.

▲ Der Neubürger Waschbär hat sich unauffällig in die Natur eingepasst.

Waschbär

Procyon lotor | Kleinbären

Merkmale:
Fell grau, Gesicht mit schwarzer Maske, die weiß umrandet ist. Buschiger, deutlich schwarz geringelter Schwanz (⅓ der Körperlänge), Gewicht um 10 kg. Verwechslungsmöglichkeit mit dem Dachs (Schwanz kurz, Gesicht längs gestreift).

Der Waschbär ist ein Neubürger, der in den 1930er- und 1940er-Jahren aus Pelzfarmen entwich, so die offizielle Version. Alte Akten aus Forstämtern zeigen, dass es auch gezielte Aussetzungen gegeben hat, um ein zusätzliches jagdlich attraktives Tier in freier Wildbahn anzusiedeln. Dies hat funktioniert, wenngleich unterschiedlich gut. Im nördlichen Hessen, südlichen Niedersachsen und in Brandenburg fühlt sich der kleine Kobold besonders wohl und richtet sich dort zum Leidwesen der Bevölkerung auf Dachböden häuslich ein. Hier wird er nachts zum Poltergeist, wenn er zu seinen Beutezügen in Mülltonnen und Komposthaufen aufbricht. Für die heimische Tierwelt ist der Allesfresser keine Bedrohung.

▲ Hasen graben im Gegensatz zu Kaninchen keine Baue.

Feldhase

Lepus europaeus | Hasenartige

Der Feldhase ist, wie der Name schon sagt, kein Waldbewohner. Er liebt weite Wiesen, in denen er oft das ganze Leben verbringt. Solche Grassteppen gab es von Natur aus selten in Mitteleuropa, erst mit der Rodung der Wälder änderte sich dies. Daher gilt der Hase vielerorts als Kulturfolger. Weil in der landwirtschaftlichen Feldflur kaum Deckung ist, presst er sich bei Gefahr dicht an den Boden und springt dann im letzten Moment auf, um hakenschlagend zu fliehen. Seine Jungen zieht er in flachen Mulden („Sassen") auf; bei regnerischem Wetter sterben viele von ihnen an Unterkühlung. Vor allem im Winter lebt der Feldhase auch im Wald und frisst dort Rinde und Knospen. Dies kann zu massiven Schäden, vor allem an jungen Laubbäumen, führen.

Merkmale:
Fell oberseits braun, unterseits weiß, lange Ohren mit schwarzen Spitzen, lange Hinterbeine. Körperlänge um 50 cm, Gewicht zwischen 2,5 und 6,5 kg. Verwechslungsmöglichkeit mit Wildkaninchen (*Oryctolagus cuniculus*), dieses hat deutlich kürzere Ohren, ist kleiner und lebt in Bauen.

▲ **Biber ernähren sich rein pflanzlich.**

Biber

Castor fiber | Biberartige

Merkmale:
Fell braun, auffällig breiter, flacher und nackter Schwanz, Größe um 1,20 m, Gewicht bis 30 kg, Verwechslungsmöglichkeit mit Nutria (*Myocastor coypus*), diese jedoch kleiner und mit rattenähnlichem dünnen Schwanz.

Der Biber ist ein Meister der Wasserbauwerke. Aus Ästen errichtet er Dämme, hinter denen sich kleine Bäche zu großen Teichen anstauen. Am Rand baut er eine Burg, deren Eingänge unter Wasser liegen und damit für Feinde nicht zugänglich sind. Durch den Dammbau werden angrenzende Wiesen überflutet – ein Ärgernis für Landwirte. Da der Biber früher als beliebte Fastenspeise galt (er zählte nicht als Fleisch, sondern als Fisch) und sein dichter Pelz sehr begehrt war, wurde er fast überall in Europa ausgerottet. Kleine Bestände konnten sich erhalten, wie etwa an der Mittelelbe. Von hier aus wurde der Biber wieder ausgewildert, sodass er mittlerweile von Skandinavien bis Südfrankreich anzutreffen ist.

▲ **Futtervorrat vergessen? Eichhörnchen „säen" durch solche Pannen neue Laubwälder.**

▶ **Das Grauhörnchen ist aus den USA eingewandert und verdrängt seine roten Kollegen.**

Eichhörnchen

Sciurus vulgaris | Hörnchen

Das Eichhörnchen ist ein Sympathieträger: Die süßen Knopfaugen und die kurze Schnauze, dazu Pinselöhrchen – da wird es dem Beobachter warm ums Herz. Dabei sind die flinken Kletterer Allesfresser und rauben im Frühling mit Vorliebe Vogelnester aus, eine Neigung, wegen der beispielsweise die Elster in Verruf geraten ist. Für den Wald sind Eichhörnchen ein Segen. Sie vergraben im Herbst Eicheln und Bucheckern in zahlreichen Verstecken, vergessen aber einen ganzen Teil davon wieder. Während durch diese Vergesslichkeit etliche Jungtiere verhungern, keimen im Frühjahr aus diesen Vorräten neue Laubbäume. Von dem in Italien eingebürgerten Grauhörnchen (*Sciurus carolinensis*) droht Gefahr: Es ist robuster und verdrängt unser heimisches Hörnchen auf dem Weg nach Norden.

Merkmale:
Fell rötlich braun, unterseits weiß, langer, buschiger Schwanz, Kopf-Rumpf-Länge bis 25 cm, Gewicht um 300 g. Gebietsweise treten dunkle, fast schwarz gefärbte Varianten auf.

▲ Fit für den Winter: Ein noch junger, aber gut genährter Igel.

Igel

Erinaceus europaeus | Igel

Merkmale:
Fell auf dem Rücken in Form von Stacheln, diese braun mit hellen Spitzen, Bauchseite ebenfalls braun. Größe bis 30 cm, Gewicht um 600 g.

Der Igel liebt keine dunklen Wälder, sondern eher deren Ränder, wo er nachts auf Nahrungssuche geht. Weil er gelegentlich auch Nacktschnecken frisst, gilt er als Freund der Gärtner. Dabei machen diese Tiere nur wenige Prozente seiner Nahrung aus. Junge Mäuse, Küken, Vogeleier, Insekten oder Regenwürmer und hier und da etwas Obst – das macht Igel glücklich. Die kalte Jahreszeit verschlafen sie in Nestern, die tief in Laub- und Reisighaufen verborgen sind. Dabei senken sie Pulsschlag und Körpertemperatur ab, um es mit den Fettreserven bis ins Frühjahr zu schaffen. Bei Gefahr rollen sich die Tiere zusammen und stellen die Stacheln auf, sodass selbst Hunde nicht zum Zuge kommen: Einmal in einen Igel gebissen, schmerzt das Maul für Stunden, und der Speichel läuft in Strömen – diese Erfahrung möchte niemand zweimal machen.

▲ **Bechsteinfledermaus. Spitze Zähne und ein extrem effektiver Ortungssinn sind typisch für alle Fledermäuse.**

Bechsteinfledermaus

Myotis bechsteinii | Glattnasen

Fledermäuse können wir im Wald in der Dämmerung zwar beobachten, aber vom Boden aus kaum einer Art zuordnen. Dennoch wird die Bechsteinfledermaus hier stellvertretend für andere vorgestellt. Die Weibchen leben im Sommer mit den Jungen in Wochenstuben, die sich in Baumhöhlen befinden. Um Parasiten (Milben etc.) auszuweichen, wechseln diese Gemeinschaften alle paar Tage den Baum. Über die Monate kommt so ein Gesamtbedarf von rund 50 ehemaligen Spechthöhlen zusammen. Und da die meisten dieser Höhlen von Vögeln bewohnt werden, müssen in einem alten Laubwald ca. 150 Höhlenbäume stehen, damit die Bechsteinfledermaus einen Lebensraum findet. Alte Laubwälder sind aber nur zu wenigen Promille am mitteleuropäischen Wald beteiligt. Deshalb sind Waldfledermäuse im Bestand stark zurückgegangen.

Merkmale:
Fledermäuse sind über das Flugbild und den Kot (enthält Insektenreste) von Vögeln unterscheidbar. Bei einer Spannweite von, je nach Art, um 25 cm fliegen sie in der Dämmerung und nachts lautlos und meist relativ langsam.

▲ Gelbhalsmäuse können schrill pfeifen, verraten sich dabei aber dem nächsten Fuchs.

Gelbhalsmaus

Apodemus flavicollis | Langschwanzmäuse

Merkmale:
Fell oberseits braun, unterseits weiß mit gelblich braunem Halsfleck. Große Ohren und herausstehende Knopfaugen. Körperlänge um 11 cm zuzüglich eines Schwanzes in gleicher Länge. Ähnlich: Waldmaus (*Apodemus sylvaticus*), etwas kleiner und ohne gelben Halsfleck.

Die Gelbhalsmaus liebt alte Laubwälder. Hier frisst sie nicht nur Eicheln und Bucheckern, sondern auch Knospen, Beeren oder Insekten. Ganz selten gönnt sie sich ein kleines Vogelei. Gelbhalsmaus-Verstecke im Wurzelbereich mächtiger Bäume sind oft an den Nahrungsresten, also etwa ausgefressenen Bucheckern-Hüllen, zu erkennen. Da sie keinen Winterschlaf hält, muss diese Maus wie das Eichhörnchen Depots anlegen. Wird die Maus im Winter gefressen, so sprießen aus diesen Vorräten Büschel von Keimlingen. Manche Gelbhalsmäuse versuchen, in Häusern zu überwintern und sind daher besonders im Herbst ungebetene Gäste im Keller.

▲ Rötliches Fell, kleine Augen: eine Rötelmaus.

Rötelmaus

Clethrionomys glareolus | Wühlmäuse

Die Rötelmaus ist die häufigste Mäuseart im Wald. Sie lässt sich gut bei ihren ausgedehnten Suchläufen über den Waldboden oder durch das Geäst beobachten, denn sie ist im Gegensatz zur Gelbhalsmaus auch tagsüber sehr aktiv. Sie zählt zwar zu den Wühlern und baut unterirdische Gänge und Nester, oft finden sich ihre Quartiere aber auch in Totholz oder Gebüschen. Dort polstert sie ihr Heim mit weichem Moos. Rötelmäuse sind Allesfresser; fehlen im Winter Eicheln und Bucheckern, so vertilgen sie Knospen und Rinde. Dabei können sie frische Anpflanzungen von Laubbäumen erheblich schädigen, indem sie den besonders nährstoffreichen Wurzelhals der Setzlinge abnagen. Diese sehen dann aus wie eine Miniaturausgabe eines vom Biber gefällten Baumes.

Merkmale:
Fell oberseits rötlich braun, unterseits grau. Kleine, deutlich erkennbare Ohren, Augen kaum hervorstehend. Körperlänge um 10 cm, Schwanzlänge nur 5 cm. Verwechslungsmöglichkeit mit Feldmaus (*Microtus arvalis*), bei dieser Augen, Ohren und Schwanz noch kleiner.

▲ Schläft tagsüber in Baumhöhlen oder auf Dachböden – der Siebenschläfer.

Siebenschläfer

Glis glis | Bilche

Merkmale:
Fell oberseits grau, unterseits weiß. Große Knopfaugen, große, runde Ohren sowie ein buschiger Schwanz. Körperlänge um 15 cm, Schwanzlänge um 14 cm. Verwechslungsmöglichkeit mit Gartenschläfer (*Eliomys quercinus*), dieser mit braunem Fell, schwarzen Augenstreifen und dünnem Schwanz.

Der Siebenschläfer war in vergangenen Jahrhunderten eine beliebte Delikatesse: Die kleinen Tiere wurden im südeuropäischen Raum in Töpfen gemästet und anschließend geschlachtet. Heutzutage gilt der Siebenschläfer als schützenswert und sehr verschlafen. Tatsächlich verbringt er in der kalten Jahreszeit manchmal nicht nur die namensgebenden 7, sondern 8 Monate zusammengerollt in Baumhöhlen. Dabei kann er seinen Puls um 98 % reduzieren, um weniger Energie zu verbrauchen. Nicht nur im Äußeren, sondern auch in der Nahrungszusammensetzung ähnelt er dem Eichhörnchen. Neben Baumsamen und Früchten sind es ab und zu auch Eier oder Jungvögel, die in seinem Magen landen.

▲ Die Waldspitzmaus ist mit dem Maulwurf verwandt und ernährt sich auch ähnlich.

Waldspitzmaus

Sorex araneus | Spitzmäuse

Die Waldspitzmaus ist eigentlich keine Maus und damit auch kein Nagetier, sondern gehört zur Familie der Insektenfresser. Ihr Biss ist giftig, möglicherweise wird sie deshalb von Katzen nicht gefressen. So geht es anscheinend auch anderen Tieren: Stirbt eine Waldspitzmaus, so bleibt sie oft tagelang liegen. Neben Insekten gehören Regenwürmer und andere Kleintiere zu ihrer Nahrung. Die Waldspitzmaus zählt zu den Rotzahnspitzmäusen mit entsprechend roten Zahnspitzen. Die ähnliche, aber heller gefärbte Hausspitzmaus (*Crocidura russula*) weist reinweiße Zähne auf – eine Unterscheidung ist somit auch anhand von Skelettfunden möglich. Die Waldspitzmaus ist unsere häufigste Spitzmausart und im Bestand ungefährdet.

Merkmale:
Fell oberseits schwarzbraun, zum Bauch hin über Braun nach Grau übergehend. Spitze Schnauze (Name!), Augengröße wie Stecknadelköpfe. Körperlänge um 7 cm, Schwanzlänge um 4 cm. Verwechslungsmöglichkeit mit Hausspitzmaus, diese jedoch mit graubraunem Fell.

▲ Buntspechtweibchen mit schwarzer Kappe.

Buntspecht

Dendrocopos major | Spechte

Merkmale:
Amselgroß und schwarzweiß gezeichnet. Weibchen mit schwarzer Kappe, Männchen zusätzlich mit rotem Fleck am Hinterkopf. Vom Schnabel zum Hinterkopf schwarzes Band („Zügel“). Aufgeregte „Kix“-Rufe und lautes Trommeln.

Der Buntspecht ist unsere häufigste Spechtart. Er hält sich auch in städtischen Gärten auf, da er nicht besonders scheu ist. Aber eigentlich lebt er in Wäldern mit viel Totholz, weil er dort seine Lieblingsspeise – Insektenlarven – in morschen Stämmen findet. Diese meißelt er mit seinem Schnabel regelrecht heraus. Bei tiefer im Holz steckender Beute hilft ihm seine mit Widerhaken versehene Zunge, die Leckerbissen in den Hals zu ziehen. Ganz selten vertut sich der Buntspecht und sucht irrtümlich in der Isolierung von Häusern nach Nahrung. Junge Buntspechte verraten sich, weil sie vor Hunger und Ungeduld mit einem lauten, langen „Kikikikiki ...“ nach ihren Eltern rufen.

▲ Der Mittelspecht hat eine rote Kappe.

Mittelspecht

Dendrocopos medius | Spechte

Der Mittelspecht ist ein typischer Bewohner alter Laubwälder. Beispielsweise kann er Buchenbestände erst ab einem Baumalter von 200 Jahren besiedeln, weil die Rinde dann rau genug zum Festhalten ist. In Ermangelung von Altbuchen nimmt er auch etwas jüngere Eichen, da diese schon früher eine zerfurchte Borke bilden. Außerdem benötigt er zur Nahrungssuche viel Totholz. Diese Kombination findet sich in ausreichender Arealgröße kaum noch in unseren Wirtschaftswäldern, wo fast alles Holz genutzt wird. Der Mittelspecht ist daher ein schönes Beispiel dafür, wie dringend wir Waldreservate für den Erhalt von Urwaldarten brauchen. Sein Auftreten ist umgekehrt ein positives Signal für die gute ökologische Qualität eines Waldgebiets.

Merkmale:
Durchgehend rote Kappe, weißes Gesicht, keine schwarzen „Zügel" wie der Buntspecht, zudem etwas kleiner als dieser. Trommelt mit seinem schwachen Schnabel kaum, sondern quäkt stattdessen zur Brutzeit, um sein Revier anzuzeigen.

▲ **Schwarzspechte suchen häufig am Boden nach Nahrung.**

Schwarzspecht

Dryocopus martius | Spechte

Merkmale:
Rabenschwarz mit roter Federhaube, Weibchen nur mit rotem Nackenfleck. Etwa krähengroß. Ruft im Flug „krükrükrü", wenn er gelandet ist, „hiäh".

Der Schwarzspecht ist der größte europäische Specht (etwa krähengroß). Er ist der Architekt unserer Wälder, denn er zimmert zahlreiche Höhlen zum Schlafen oder Brüten in dicke alte Bäume. In von ihm verlassenen Niststätten siedeln sich Eulen, Hohltauben oder Fledermäuse an, weshalb dieser Vogel als typische Art für ungestörte Altwälder gilt. Da der Schwarzspecht oft in gesunden, finanziell wertvollen Stämmen baut, ist er forstwirtschaftlich nicht immer gern gesehen (Spruch mancher Förster: „Wer keine Miete zahlt, fliegt raus!"). Weil Bäume aus wirtschaftlichen Gründen noch vor ihrer Lebensmitte gefällt werden, gibt es prozentual sehr wenige alte Exemplare, weshalb der Schwarzspecht zu den gefährdeten Arten zählt. Sein Futter besteht aus verschiedensten Insekten, besonders gern frisst er Waldameisen.

▲ Der Kleinspecht trommelt besonders lange „Strophen“.

Kleinspecht

Picoides minor | Spechte

Der spatzengroße Kleinspecht ist trotz seiner weiten Verbreitung unauffällig, jedoch recht anspruchsvoll: Alte, totholzreiche Wälder sollten es schon sein, genau wie bei seinen größeren Specht-Verwandten. Selten bekommen wir ihn zu Gesicht, aber sein Trommeln verrät den kleinen Baumhöhlenbewohner. Wie ein hektischer Schreibmaschinenschreiber hämmert er sein Staccato oft minutenlang auf abgestorbene Äste, die einzelnen Trommelwirbel nur wenige Sekunden unterbrochen. Bei seiner Wohnungssuche kommt er großen Spechten nicht in die Quere. Durch die geringe Größe reichen ihm Äste, um darin seine Höhlen zu bauen. Damit es nicht hineinregnet, zeigt das Einflugloch meist nach unten. Treten Kleinspecht und Buntspecht gemeinsam auf, so zieht der Kleine den Kürzeren und wird aus dem Lebensraum gedrängt.

Merkmale:
Weiße Stirn, Männchen mit roter Kappe, ansonsten im Gegensatz zu anderen Buntspechtarten rein weiß-schwarz. Nur 15 cm groß und dadurch unverwechselbar.

▲ Eichelhäher können sich Nahrungsverstecke besser merken als Eichhörnchen.

◀ Der Tannenhäher liebt Höhenlagen.

Eichelhäher

Garrulus glandarius | Rabenvögel

Merkmale:
Rotbraunes Federkleid mit schwarzen und weißen Flügel- und Schwanzfedern. Besonders die kleinen, blau-schwarz gebänderten Federchen aus dem Bereich der Flügeldecken werden häufig gefunden und sind unverwechselbar.

Der Eichelhäher ist der heimliche Förster unter den Vögeln. Mit seinem winzigen Gehirn merkt er sich Tausende Verstecke, in denen er im Herbst Regenwürmer, vor allem aber Eicheln und Bucheckern deponiert. Da er sicherheitshalber viel zu viel einlagert, keimen aus den nicht genutzten Vorräten im Frühjahr neue Bäumchen. So sorgt er für die nächsten Vogelgenerationen vor und sichert künftige Nahrungsquellen. Für Forstbetriebe ist das günstig, denn Fichten- und Kiefernmonokulturen werden so im Laufe der Jahrzehnte zu Mischwäldern, ohne dass es einen Cent kostet. Im Gebirge mit seinen natürlichen Hochlagennadelwäldern wird der Eichelhäher vom Tannenhäher (*Nucifraga caryocatactes*) abgelöst, der sich auf Samen in Zapfen spezialisiert hat.

▲ **Kolkrabe – er bleibt seinem Partner ein Leben lang treu.**

▶ **Die Rabenkrähe, die kleine Verwandte des Kolkraben.**

Kolkrabe

Corvus corax | Rabenvögel

Nachdem der Kolkrabe in frühen Kulturen verehrt wurde, kam es bis zum Zweiten Weltkrieg zu einer erbarmungslosen Verfolgung. Der schwarze Vogel sollte für die Tötung von Weidevieh bis hin zu ausgewachsenen Rindern verantwortlich sein. Der Bestand brach daraufhin in Mitteleuropa völlig zusammen. Mittlerweile wissen wir, dass Kolkraben nur an kranken oder toten Tieren interessiert sind und somit keinen Schaden anrichten. Sie breiteten sich in den letzten Jahrzehnten von Ost nach West aus und sind inzwischen wieder überall anzutreffen. Kolkraben wird (wie allen Rabenvögeln) mittlerweile von der Wissenschaft attestiert, so intelligent zu sein wie Schimpansen.

Merkmale:
Schwarzes Federkleid, Flügelspannweite bis 130 cm, Schwanz keilförmig, Rufe „Krokrokro“ (deutlich tiefer als Krähen). Verwechslungsmöglichkeit mit der Rabenkrähe (*Corvus corone*), diese jedoch deutlich kleiner, ruft heller und tritt in größeren Gruppen auf.

▸ Habichte mögen Hühner, lassen sich aber durch Geflügelnetze auf Abstand halten.

◂ Der Sperber jagt eher kleine Vögel.

Habicht

Accipiter gentilis | Habichtartige

Merkmale:
Federkleid oberseits graubraun, unterseits auffällig weiß-braun gebändert („gesperbert"). Spannweite um 100 cm, Flügelspitzen gerundet. Bei Störungen lautes „Gikgikgik". Verwechslungsmöglichkeit mitten im Wald mit dem deutlich kleineren Sperber (*Accipiter nisus*).

Der Habicht kann leicht von anderen Greifvögeln unterschieden werden: Niemand sonst fliegt so pfeilschnell zwischen Bäumen und Geäst hindurch wie er. So vermag er seine Beute, etwa Eichhörnchen, an Baumstämmen zu überraschen und zu schlagen. Dabei verfolgt er das spiralig um den Stamm flüchtende Tier mit ebenso schnellen Flugmanövern. Daneben lässt er sich vor allem Jungvögel und Tauben schmecken, die er im Flug fängt. Da er im Siedlungsbereich auch Hühner erbeutet, wurde er lange Zeit bekämpft. Ob Habicht oder Fuchs am Werk waren, zeigen die gerupften Federn: Während der Fuchs diese oft abbeißt, reißt der Habicht sie aus und knickt die Schäfte dabei.

▲ Der Mäusebussard ist unser häufigster Greifvogel.

Mäusebussard

Buteo buteo | Habichtartige

Der Mäusebussard ist zwar nur wenig größer als der Habicht, er ist aber aufgrund seiner Lebensweise kaum mit diesem zu verwechseln: Die schnellen Flüge zwischen den Bäumen hindurch beherrscht er nicht, stattdessen kreist er über offenem Land, immer auf der Suche nach Beute. Dabei wird er seinem Namen gerecht und bevorzugt deutlich Mäuse, nimmt aber auch andere Kleinsäuger oder sogar Regenwürmer. Im Wald ist er nur wegen der Forstwirtschaft anzutreffen: Durch Kahlschläge oder Sturmwürfe in Nadelholzplantagen entstehen immer wieder Freiflächen. Hier vermehren sich Mäuse, hier kann aus luftiger Höhe bis zum Boden gesehen werden. Sein Nest legt der Mäusebussard in einem angrenzenden Baum an.

Merkmale:
Federkleid oberseits meist braun, unterseits weiß mit braunen Streifen. Es treten viele Variationen von fast ganz weiß bis ganz braun auf. Spannweite um 120 cm, ruft „hijää“.

▲ Rotmilane sind echte Kulturfolger und lieben frisch gemähte Wiesen.

Rotmilan

Milvus milvus | Habichtartige

Merkmale:
Federkleid rötlich braun, Kopf hell bis weiß. Gegabelter Schwanz. Spannweite bis 170 cm. Verwechslungsmöglichkeit mit dem Schwarzmilan (*Milvus migrans*), dieser dunkler, kaum gegabelter Schwanz.

Der Rotmilan ist ebenso wie der Mäusebussard ein Vogel der offenen Landschaften. Den Wald braucht er lediglich wegen eines Brutbaums. Dieser kann tief im Waldesinneren liegen. Im Flug kreist der große Greifvogel über Wiesen und Feldern, um nach Mäusen, Vögeln bis in Krähengröße und nach Aas zu suchen. Vor allem bei Letzterem hat er eine neue Strategie gelernt: Er folgt Traktoren, die Gras mähen, um von getöteten Rehkitzen oder platt gefahrenen Kleinsäugern zu profitieren. Sobald das Mähwerk anspringt, tauchen die ersten Milane auf und folgen den Fahrzeugen, bis diese ihre Arbeit beenden. Rotmilane werden seltener, ihr Verbreitungsareal ist relativ klein mit einem Schwerpunkt in Deutschland (hier leben mehr als die Hälfte aller Rotmilane).

▲ **Dunkelgraue Oberseite, rötliche „Hosen": ein typischer Baumfalke.**

Baumfalke

Falco subbuteo | Falken

Der Baumfalke braucht die Bäume nur zum Brüten. Beim Nestbau ist er allerdings etwas faul und übernimmt gerne alte Konstruktionen von Elstern oder Krähen. Will er jagen, so macht er sich auf in die freie Landschaft und an Gewässer, um dort Insekten zu erbeuten. Eine seiner Lieblingsspeisen sind die großen Libellenarten, aber ab und zu dürfen es auch kleinere Singvögel sein, die er sich schmecken lässt. Er ruft auffällig „kikikikiki", allerdings ähnelt er darin stark seinem Vetter, dem Turmfalken. Dieser ist mehr als zehnmal so häufig wie der Baumfalke und bewohnt nicht nur Türme, sondern brütet ebenfalls gerne in Bäumen. Im Herbst zieht der Baumfalke in das südliche Afrika, um dort zu überwintern.

Merkmale:
Federkleid oberseits dunkelgrau, unterseits weiß mit braunen Streifen, am Hinterleib im Flug erkennbare rotbraune „Hosen", Spannweite 80 cm. Verwechslungsmöglichkeit mit Turmfalken (*Falco tinnunculus*), dieser ist jedoch braun gefärbt (mit schwarzen Tupfen), meidet tiefe Wälder und lebt eher am Waldrand.

▲ Der Waldkauz sucht gerne naturnahe Gärten auf.

Waldkauz

Strix aluco | Eulen

Merkmale:
Federkleid braun mit dunklen und hellen Streifen, große, eng beieinanderliegende Augen, Ohren nicht sichtbar. Spannweite bis 100 cm. Verwechslungsmöglichkeit mit dem extrem seltenen Habichtskauz (*Strix uralensis*).

Der Waldkauz ist unsere häufigste Eulenart. Sein schauriger Käuzchenruf „Huuuuu“ (mit starkem Tremolo) wird gerne in Filmen verwendet, um die Bedrohlichkeit einer dunklen Nacht zu untermauern. Daneben ruft er im Herbst laut „kuwitt“, um seine Reviergrenzen zu verdeutlichen. Eine Waldkauz-Ehe hält lebenslang, und das können bis zu 20 Jahre sein. Ihre Brut ziehen Waldkauz-Paare gerne in großen Baumhöhlen auf, die für viele Jahre genutzt werden. Bei der Verteidigung des Nachwuchses sind diese Eulen nicht zimperlich und greifen sogar Menschen an, wenn diese zu nahekommen. Die Nahrung besteht zum größten Teil aus Mäusen, die der Waldkauz nachts mit seinem scharfen Gehör ortet und dann in einem absolut lautlosen Flug ansteuert.

▲ **Die kleine Waldohreule ähnelt dem großen Uhu und ruft nur dessen halben Ruf: „Hu“.**

Waldohreule

Asio otus | Eulen

Die Waldohreule ist schlecht zu sehen, da sie nachtaktiv ist und tagsüber in den Bäumen einen Ast imitiert. Ihr nächtlicher Ruf ist aber sehr charakteristisch: Ein kurzes, dumpfes „Hu“, das im Abstand weniger Sekunden monoton und lange wiederholt wird. In der Balz- und Brutzeit zeigt sie ihr Revier durch lautes Flügelklatschen an, das sie während des Fluges um ihr Nest ertönen lässt. Dieses stammt meist von Greifvögeln oder Krähen aus dem Vorjahr. Manchmal brütet die Waldohreule auch einfach auf dem Boden. Ihr Lebensraum ist eher der Waldrand und Waldinseln in der Feldflur, denn für ihren nächtlichen Jagdflug braucht sie offene Flächen. Ihr ärgster Konkurrent ist der Waldkauz, der die Waldohreule bei gemeinsamem Auftreten aus ihrem Lebensraum verdrängt.

Merkmale:
Federkleid hellbraun mit dunklen Strichen, auf dem Kopf zwei Federpinsel (Name!). Körper schmaler als beim Waldkauz, Spannweite der ebenfalls schmalen Flügel bis 95 cm.

▲ Der kleine Raufußkauz braucht zum Brüten Baumhöhlen.

Raufußkauz

Aegolius funereus | Eulen

Merkmale:
Federkleid oberseits braun mit weißen Punkten, unterseits weiß-braun gestreift. Spannweite bis 60 cm, Körpergröße 25 cm. Verwechslungsmöglichkeit mit dem Steinkauz (*Athene noctua*); dieser hat jedoch kürzeres Kopfgefieder.

Der Raufußkauz galt lange als typischer Nadelwaldbewohner, welcher eher in den Hochlagen zu finden sein sollte, wo sich Fichten und Kiefern wohlfühlen. Heute wissen wir, dass es für ihn durchaus auch alte Buchenbestände sein dürfen. Durch die geringe Körpergröße ist er kaum zu verwechseln; der ähnlich kleine Steinkauz kommt nicht in geschlossenen Wäldern vor. Eindeutiges Kennzeichen ist sein Gesang, der aus einem schnellen, ansteigenden „U-u-u-u-u" besteht. Der Raufußkauz brütet gerne in verlassenen Schwarzspechthöhlen. Dort legt er manchmal kleine Vorräte seiner Beute an, überwiegend Waldmäuse, ab und an auch kleinere Singvögel. Einer seiner größten Feinde ist der Waldkauz, Gebiete mit großem Vorkommen meidet der Raufußkauz.

▲ Uhus bauen ihre Nester sogar in bewirtschafteten Steinbrüchen.

Uhu

Bubo bubo | Eulen

Der Uhu ist die größte Eulenart der Erde. Lange war er in weiten Bereichen Mitteleuropas ausgerottet, weil er auch größere Säugetiere (Hasen, Rehkitze) und Vögel, wie z. B. Enten, schlagen kann. Das machte ihn zur Konkurrenz für menschliche Jäger, die ihn rücksichtslos verfolgten. Bis heute werden immer wieder illegal Uhus geschossen, aber dennoch hat er sich vor allem durch Auswilderungen von Nachzuchten wieder weit verbreitet. Der nachtaktive Vogel wäre zwar allein aufgrund seiner Größe kaum zu verwechseln, allerdings bekommen wir ihn selten zu Gesicht. Sein typischer, namensgebender Ruf „Uhu" (mit Betonung auf dem ersten „U") verrät ihn jedoch schon auf größerer Distanz. Sogar das Geschlecht lässt sich dabei feststellen, da der Ruf der Weibchen deutlich höher ist.

Merkmale:
Federkleid braun mit dunklen Streifen, auffällig lange Federohren, Körpergewicht bis 3 kg, Spannweite bis 170 cm. Verwechslungsmöglichkeit mit Waldohreule, diese jedoch deutlich kleiner, ruft nur „hu".

▲ Ein Schwarzstorch sucht in einem Tümpel Nahrung für seinen Nachwuchs.

Schwarzstorch

Ciconia nigra | Störche

Merkmale:
Federkleid oberseits metallisch schwarz schimmernd, unterseits weiß. Beine und Schnabel orangerot. Spannweite bis 200 cm. Im Flug gestreckter Hals, im Gegensatz zu fliegenden Graureihern (*Ardea cinerea*).

Der Schwarzstorch ist im Gegensatz zur Offenlandart Weißstorch (*Ciconia ciconia*) ein echter Waldbewohner. Sein Nest errichtet er meist auf massiven, waagerechten Ästen uralter Bäume. Durch die mehrjährige Verwendung und die ständigen Ausbesserungsarbeiten wird dieses schließlich sehr schwer, sodass der Ast abbrechen kann. Der Schwarzstorch ist extrem störungsempfindlich und deshalb vor allem in ruhigen Mittelgebirgslagen zu finden. Dort braucht er Bäche und Tümpel, in denen er Fische und Amphibien jagt und ausgiebig badet. In den letzten Jahren hat er sich wieder in Mittel- und Westeuropa ausgebreitet, wo er zuvor flächig ausgestorben war. Durch den massiven Ausbau der Windenergie im Wald ist dieser Trend gefährdet.

▲ Die Waldschnepfe ist am Boden durch ihre laubähnliche Färbung gut getarnt.

▶ Im Flug gibt die Bekassine meckernde Laute von sich.

Waldschnepfe

Scolopax rusticola | Schnepfen

Die Waldschnepfe zählt zu den heimlichen Baumbewohnern und ist meist nur zu entdecken, wenn sie wenige Meter vor dem Spaziergänger auffliegt. Sie gehört zu den jagdbaren Tieren. Obwohl ihre Bestände zurückgehen und diese als gefährdet eingestuft werden, schießen Jäger jährlich europaweit mehrere Millionen dieser Vögel. Sie wurden früher äußerst merkwürdig verwertet: Begehrt war vor allem der „Schnepfendreck", also die Därme mitsamt Inhalt. Diese wurden gehackt, gewürzt und auf ein Butterbrot geschmiert. Mittlerweile verzichten aber die meisten Jäger auf diese Delikatesse. Die Waldschnepfenhähne veranstalten im Frühjahr Balzflüge, bei denen sie ständig hin- und herfliegen, den sogenannten „Schnepfenstrich".

Merkmale:
Federkleid laubähnlich braun mit grauen und schwarzen Mustern, langer, gerader Schnabel. Verwechslungsmöglichkeit mit Bekassine (*Gallinago gallinago*), diese jedoch kleiner, deutlich gestreift und mit längerem Schnabel.

▲ So nah kann man Hohltauben nur sehr selten beobachten.

◄ Ringeltaube mit dem typischen weißen Halsstreifen.

Hohltaube

Columba oenas | Tauben

Merkmale:
Federkleid grau mit schillerndem Halsfleck. Flügel mit schwarzem Rand. Spannweite um 65 cm. Verwechslungsmöglichkeit mit Ringeltaube, diese jedoch deutlich schwerer und mit weißem Halsstreifen/-ring (Name), ruft zudem „huhuuhu".

Die Hohltaube ist extrem schüchtern. Kaum einem Vogelfreund gelingt es, sie im Wald zu beobachten, zudem ist ihr Ruf sehr leise. Im Gegensatz zur Ringeltaube (*Columba palumbus*) ruft sie nur ein verhaltenes „Hue", welches dumpf klingt und schlecht zu orten ist. Ihre Nester baut sie mit Vorliebe in verlassene Schwarzspechthöhlen und ist daher wie der Vorbewohner an dicke, alte Bäume gebunden. Wegen starker forstlicher Bewirtschaftung ist sie lokal sehr selten geworden, auch wenn ihr Weltbestand als ungefährdet gilt. Aktuelle Bruthöhlen lassen sich durch die weißen Eierschalenreste am Stammfuß des Baumes entdecken. Als Nahrung dienen Früchte und Samen, im Wald gerne Eicheln und Bucheckern.

▲ Das helle Federkleid der Turteltaube ist an Trockenregionen angepasst.

▶ Die Türkentaube ist erst wenige Jahrzehnte bei uns.

Turteltaube

Streptopelia turtur | Tauben

Die Turteltaube ist unsere kleinste Taubenart. Entdeckt wird sie von Spaziergängern meist dann, wenn sie erschreckt auffliegt. Sie mag es gerne warm und ist daher in den Hochlagen selten zu finden. Turteltauben sind durch ihren Ruf eindeutig zu identifizieren: Es ist ein oft wiederholtes „Rrurrrurru". Aus diesem Ruf wurde wahrscheinlich der Name abgeleitet. Wie andere Taubenarten auch ernährt sie sich vorwiegend von Sämereien, Früchten und Insekten. Als einzige Taubenart fliegt sie im Herbst weit Richtung Süden bis über die Sahara hinaus. Auf diesen Reisen durchquert sie Südeuropa und wird dort leider bis heute intensiv bejagt, obwohl die Bestände in den letzten Jahren massiv zurückgegangen sind.

Merkmale:
Federkleid oberseits hellbraun mit dunklen Flecken, Kopf und Unterseite grau. Erscheint insgesamt beim Auffliegen deutlich braun. Verwechslungsmöglichkeit mit Türkentaube (*Streptopelia decaocto*), diese jedoch viel größer, einheitlich beige ohne Flecken und mit schwarzem Halsstrich.

▲ Der Kleiber lebt wie ein Specht: Er brütet in Höhlen und meißelt in totes Holz.

Kleiber

Sitta europaea | Kleiber

Merkmale:
Größe bis 15 cm, Federkleid oberseits blaugrau, unterseits ockerfarben. Schwarzer Augenstreif.

Der Kleiber ist nicht nur ein Wald-, sondern ein regelrechter Baumvogel, der selten auf dem Boden zu finden ist. Seine Nahrung sucht er in Rindenspalten und morschen Ästen. Hier meißelt er mit seinem Schnabel Löcher, um an Larven zu kommen. Diese Klopfgeräusche werden oft irrtümlich Spechten zugerechnet. Bucheckern, Nüsse oder Eicheln klemmt er in Rindenspalten und hackt sie dort auf. Der Kleiber läuft häufig den Stamm hinunter, und meist kopfüber. Dadurch ist er schon auf einen flüchtigen Blick gut zu identifizieren, denn dieses Verhalten ist einmalig. Sehen wir ihn nicht, so hören wir doch häufig sein lautes Pfeifen, welches sich leicht nachahmen lässt und auf das er dann antwortet. Gerne brütet der Kleiber in verlassenen Spechthöhlen, deren Einfluglöcher er mit Lehm verkleinert.

▲ Für den Waldbaumläufer geht es immer nur stammaufwärts.

Waldbaumläufer

Certhia familiaris | Baumläufer

Der Waldbaumläufer ist in Mitteleuropa im gleichen Lebensraum zu Hause wie der Kleiber. Nüsse hackt er zwar nicht auf, aber Insekten und Spinnen gehören ebenfalls zu seinem Speiseplan. Da der Stamm von dem abwärts laufenden Kleiber schon leer gesucht wird, hat sich der Waldbaumläufer auf die Aufwärtssuche spezialisiert und läuft demzufolge stets von unten nach oben. Dadurch findet er die Beute, die der Kleiber übersehen hat. Sein Nest baut er gerne unter der abplatzenden Rinde abgestorbener Bäume. Zum Verwechseln ähnlich und nur von Experten unterscheidbar ist der Gartenbaumläufer (*Certhia brachydactyla*), der zwar Nadelwälder meidet, aber ansonsten dasselbe Verbreitungsgebiet hat.

Merkmale:
Bis 13 cm groß, Oberseite wie Rinde gefärbt, Unterseite cremeweiß, heller Überaugenstreif. Verlängerter Stützschwanz.

▲ Der überkreuzte Schnabel ist perfekt an Samen in Zapfen angepasst.

◄ Der Kernbeißer hat einen hellen, dicken Schnabel.

Fichtenkreuzschnabel

Loxia curvirostra | Finken

Merkmale:
Federkleid grau-braun mit rötlich gefärbten Rücken- und Bauchpartien, Weibchen grünlich. Gebogener Schnabel, Spitzen über Kreuz. Verwechslungsmöglichkeit mit dem Kernbeißer (*Coccothraustes coccothraustes*), dieser hat aber einen dickeren Schnabel.

Der Fichtenkreuzschnabel ist ein typischer Kulturfolger. Er ist an Nadelwälder gebunden und zog der Fichte nach, die einst nur in geringem Umfang in den Hochlagen Mitteleuropas, ansonsten jedoch vor allem im hohen Norden verbreitet war. Durch den massenhaften Anbau dieser Baumart konnte er sein Areal erheblich ausweiten. Der Schnabel des Fichtenkreuzschnabels hat sich im Verlaufe der Evolution perfekt an das Öffnen von Zapfen angepasst. Diese spreizt er auf und frisst die hinter den Schuppen verborgenen Samen. Weil er Kälte gewöhnt ist, brütet er im Gegensatz zu anderen heimischen Vögeln manchmal schon im Dezember. Da er meist hoch in den Bäumen sitzt und sich sehr ruhig verhält, ist er nur schwer zu beobachten.

▲ **Bei blauem Himmel lässt der Buchfink den „Finkenschlag“ hören.**

▶ **Der Bergfink ist bei uns Wintergast, er brütet im Norden.**

Buchfink

Fringilla coelebs | Finken

Der Buchfink ist ein Bewohner der Laubwälder, bei uns vor allem von Buchenwäldern. Dort sind seine Rufe das ganze Jahr hindurch zu hören, denn ein Teil der Population bleibt den Winter über bei uns. Findet er baumreiche Gärten, so nimmt er sie gerne als Ersatzlebensräume an. Bei sonnigem Wetter klingt seine Melodie wie der verstümmelte Satz „Bin bin bin ich nicht ein schöner Feldmarschall“. Diesen Ruf nennen wir „Finkenschlag“. Bei schlechtem Wetter ertönt dagegen sein Regenruf, ein einfaches „Rääätsch“. Wanderer schätzen den spatzengroßen Vogel daher auch als Wetterpropheten. Der Buchfink lässt sich gut beobachten, wenn er auf dem Boden trippelnd nach Nahrung sucht.

Merkmale:
Federkleid der Männchen rostrot mit grauer Kopf-Nacken-Kappe, Weibchen olivgrau. Körpergröße um 15 cm. Verwechslungsmöglichkeit mit Bergfink (*Fringilla montifringilla*), dieser jedoch ist im Winter in großen Schwärmen unterwegs.

▲ **Gimpel sind treue Ehepartner – ob lebenslang, ist noch nicht erforscht.**

◀ **Das Rotkehlchen ist zierlicher und eher orange gefärbt.**

Gimpel

Pyrrhula pyrrhula | Finken

Merkmale:
Männchen oberseits grau, unterseits kräftig orangerot, Weibchen blassgrau-rosa, beide mit schwarzer Kappe. Verwechslungsmöglichkeit mit Rotkehlchen (*Erithacus rubecula*), dieses jedoch ohne schwarze Kappe.

Der Gimpel oder auch Dompfaff ist unsere auffälligste Finkenart. Vor allem das leuchtend orange gefärbte Männchen ist im Wald oder am winterlichen Futterhäuschen eindeutig zu identifizieren. Die schwarze Kappe gab ihm den Zweitnamen „Dompfaff". Sein Vorkommen ähnelt dem des Fichtenkreuzschnabels, ist also an fichtenreiche Wälder gebunden. Mit dem kräftigen Schnabel öffnet er verschiedenste Sämereien, beißt aber auch gerne Knospen von Laubbäumen ab. Weil dies zur Beschädigung von Obstbäumen führt, war er früher bei Gärtnern unbeliebt. Das Balzritual des Gimpels ist kompliziert. Es wird eingeleitet, indem das Männchen dem Weibchen vorsichtig einen Halm anbietet. Nimmt es ihn an, so kann die Paarbildung beginnen.

▲ Der Kuckuck kann nicht anders: Er ist ein Hochstapler.

Kuckuck

Cuculus canorus | Kuckucke

Der Kuckuck ist ein Täuscher und Trickser. Die meiste Arbeit in einem Vogelleben ist die Aufzucht des Nachwuchses, und diesen Part gibt er kurzerhand an andere Arten ab. Im Flug ähnelt sein Aussehen einem Sperber oder Falken, daher fliehen Singvögel von ihren Nestern, sobald sich ein Kuckucksweibchen nähert. Dieses kann dann in aller Ruhe ein weiteres Ei hinzulegen. Damit es nicht so auffällt, gleicht es in der Farbe exakt den anderen: Ob braun oder grün, gefleckt oder einfarbig, das Kuckucksei unterscheidet sich lediglich durch ein etwas größeres Volumen. Schlüpft der Kuckucksnachwuchs, so befördert er die anderen Eier oder seine Stiefgeschwister erbarmungslos zum Nestrand und lässt diese herausplumpsen. Die viel kleineren Stiefeltern, etwa Gartengrasmücken, versorgen dann nur noch den fremden Gast.

Merkmale:
Federkleid variabel, meist jedoch oberseits grau, unterseits weiß-braun gebändert, Verwechslungsmöglichkeit mit kleinen Greifvögeln, denn er täuscht im Flug einen Greifvogel vor. Spannweite bis 60 cm. Männchen rufen unverwechselbar „Kuckuck“.

▲ Das Männchen lockt mit seinem Gesang die Weibchen in sein Kugelnest.

Zaunkönig

Troglodytes troglodytes | Zaunkönige

Merkmale:
Federkleid oberseits rotbraun, unterseits etwas blasser. Steil aufgestellter Schwanz. Nur etwa 10 cm groß und 10 g schwer.

Zaunkönige sind die Kobolde des Waldes. Neugierig durchstreifen sie Himbeer- und Brombeergebüsche auf der Suche nach Insekten. Schon von weitem ist ihr lautes „Tik" zu hören. Bleiben wir still sitzen, so nähern sie sich bis auf wenige Meter. Das Zaunkönigmännchen baut im Frühjahr mehrere ausgepolsterte Nester in Kugelform und lockt dann Weibchen herbei, indem es singt. Interessierte Weibchen inspizieren die Bauten und suchen sich bei Gefallen das Beste aus. Hier findet anschließend die Paarung statt. Bei den übrigen Nestern war die Arbeit aber nicht unbedingt vergebens, denn das Männchen bietet sie fleißig anderen Damen an, und oft genug kommt er so mehrmals zum Zug.

▲ Ein guter Hörtest: der hohe Gesang des Wintergoldhähnchens.

▶ Das Sommergoldhähnchen ist ein wenig bunter.

Wintergoldhähnchen

Regulus regulus | Grasmücken

Das Wintergoldhähnchen ist der kleinste Vogel Europas – es wiegt 5 g. Entsprechend hell ist seine Stimme – so hoch, dass sie betagte Menschen nicht mehr hören können. Das Vögelchen tritt meist zusammen mit älteren Fichten auf, in reinen Laubwäldern fehlt es. Aufgrund seiner geringen Größe hat das Wintergoldhähnchen eine relativ zum Gewicht große Körperoberfläche. Dadurch ist sein Energiebedarf so hoch, dass es täglich so viel fressen muss, wie es selber wiegt. Im Winter bekommen unsere Populationen Verstärkung aus dem Norden, wenn die dortigen Goldhähnchen vor der Kälte nach West- und Mitteleuropa ausweichen. Am Futterhäuschen finden wir sie dennoch selten – sie sind eben die Kleinsten von allen und deshalb sehr vorsichtig.

Merkmale:
Federkleid oberseits oliv, unterseits grau. Gelber Scheitel, der links und rechts von einem schwarzen Streifen begrenzt ist. Verwechslungsmöglichkeit mit Sommergoldhähnchen (*Regulus ignicapillus*), dieses jedoch mit weißem Überaugenstreif und schwarzem Augenstreif.

▲ Das Muster des Feuersalamanders ist bei jedem Exemplar anders.

◄ Salamanderlarven deuten auf sauberes Wasser hin.

Feuersalamander

Salamandra salamandra | Echte Salamander

Merkmale:
Unverwechselbare schwarze Färbung mit gelber Fleckung oder Bänderung, Larven mit gelben Beinflecken. Erwachsene Tiere bis 20 cm lang.

Der Feuersalamander ist ein heimlicher Bewohner alter Laubwälder. Hier verbirgt er sich tagsüber unter modernden Stämmen, um nachts Schnecken und andere Kleintiere zu jagen. Wenn es nach langer Trockenheit das erste Mal regnet, stehen die Chancen auf eine Beobachtung besonders gut. Seine Larven werden lebend geboren und wachsen in sauberen Waldbächen auf. Sie unterscheiden sich von Molchlarven durch einen gelben Fleck am Beinansatz. Finden wir Salamanderlarven, so können wir davon ausgehen, dass das Bachwasser trinkbar ist, denn sie reagieren sehr empfindlich auf Verschmutzungen. Das ist auch der Grund, warum Salamander so selten geworden sind. Die gelben Flecken und Bänder sind so individuell, dass Tiere an ihrem Muster zeitlebens identifiziert werden können.

▲ Bergmolche finden wir je nach Jahreszeit an Land oder im Wasser.

▶ Fadenmolch – er teilt sich mit dem Bergmolch manchen Tümpel.

Bergmolch

Triturus alpestris | Echte Salamander

Der Bergmolch lebt in den Wäldern der Mittel- und Hochgebirge und benötigt für seine Fortpflanzung kleine Tümpel, die von Natur aus in vielen Regionen eher rar sind. Er verbringt im Frühjahr einige Wochen im Wasser und ist nur in dieser Zeit gut zu beobachten. Besonders das Werben der Männchen um die Weibchen ist auffällig, wenn sie ihrer Angebeteten mit dem gekrümmten Schwanz Wasser zufächeln.

In diesem Fall können Fahrspuren von Maschinen ausnahmsweise einmal nützlich sein. Sind sie tief genug, um über den ganzen Sommer Wasser zu enthalten, kann der Molchnachwuchs seine komplette Entwicklung durchlaufen und im Herbst zum Landtier werden. Manchmal verbringen die Larven allerdings auch den Winter im Tümpel und wandeln sich erst im Frühjahr.

Merkmale:
Männchen im Frühjahr oberseits blau mit gelb getupfter Rückenlinie, unterseits orange ohne Fleckung. Weibchen oberseits braun-grau-grün gefleckt, unterseits ebenfalls orange. Verwechslungsmöglichkeit mit Fadenmolch (*Triturus helveticus*), dieser unterseits schwach hellgelb.

▲ Der Grasfrosch liebt wilde Gärten, wo es feuchte, schattige Plätze gibt.

◀ Der Laich wird in Klumpen im Wasser abgelegt.

Grasfrosch

Rana temporaria | Echte Frösche

Merkmale:
Oberseits rötlich braun gefleckt mit dunklem Schläfenfleck, unterseits weiß. Bis 10 cm lang. Verwechslungsmöglichkeit mit Springfrosch (*Rana dalmatina*).

Der Grasfrosch ist, wie der Name schon vermuten lässt, kein dauerhafter Teichbewohner. Nur im Frühjahr geht er in große und kleine Gewässer – und zwar als erste Froschart. Dort laicht er ab, indem er die Eier in tellergroßen Gallertklumpen ins Wasser gibt. Die sich daraus entwickelnden Kaulquappen sind braun mit goldenen Sprenkeln und verlassen das Laichgewässer als kleine Frösche im Juni, in kälteren Lagen dagegen erst im Spätsommer. Als häufigste heimische Froschart hat der Grasfrosch eine wichtige Funktion als Nahrungsgrundlage für andere Arten, wie etwa für den Schwarzstorch. Hauptursache für den momentanen Bestandsrückgang ist neben der Veränderung der Lebensräume der Straßenverkehr, dem jährlich Millionen von Tieren auf ihrer Wanderung zu und von den Laichgewässern zum Opfer fallen.

▲ Erdkröten haben am ganzen Körper Giftdrüsen, vor allem seitlich am Kopf.

► Laichschnüre der Erdkröte.

Erdkröte

Bufo bufo | Kröten

Die Erdkröte hält mehr Wassermangel aus als Frösche, was schon an ihrer ledrig-trockenen Haut erkennbar ist. Daher kommt sie selbst in niederschlagsarmen Wäldern vor, versteckt sich jedoch tagsüber unter Steinen und Totholz, um im Schutz der Nacht auf Jagd zu gehen. Weil sie neben anderen Kleintieren auch Schnecken frisst, ist sie bei Gärtnern gern gesehen. Im Frühjahr paart sie sich in kleinen Tümpeln und Gräben. Dort legt sie ihren Laich in langen Schnüren ab, wodurch sich dieser von Froschlaich gut unterscheiden lässt. Die daraus schlüpfenden Kaulquappen sind schwarz-violett gefärbt und verlassen im Sommer die Gewässer. Erdkröten können bis zu 40 Jahre alt werden – theoretisch. In der Praxis erreichen sie das heute in vielen Fällen nicht mehr, denn häufig werden sie bei ihren Wanderungen zu den Laichgewässern überfahren.

Merkmale:
Oberseits braun mit kleinen Warzen, unterseits heller mit Flecken, waagerechte Pupille. Körpergröße der Männchen bis 9 cm, Weibchen bis 12 cm. Überall am Körper, besonders jedoch am seitlichen Kopf, Giftdrüsen.

▲ Die Waldeidechse ist das Nordlicht unter den Eidechsen.

◄ Männliche Zauneidechse zur Paarungszeit.

Waldeidechse

Lacerta vivipara | Eidechsen

Merkmale:
Oberseits braun gestreift, unterseits gelb-orange, bis 15 cm lang, davon Schwanzlänge 10 cm. Verwechslungsmöglichkeit mit Zauneidechse (*Lacerta agilis*), diese bis 25 cm lang, Männchen zur Paarungszeit grün.

Die Waldeidechse ist unsere häufigste Eidechsenart und zugleich auch die kleinste. Das Geheimnis ihres Erfolgs ist die Möglichkeit, die Eier noch innerhalb des Körpers reifen zu lassen. Sie platzen bei der Geburt, sodass die fertigen Jungtiere das Licht der Welt erblicken. Sie sind sofort selbstständig und machen sich ohne Mutter auf, neue Lebensräume zu erschließen. Durch diese Form der Lebendgeburt kann die Waldeidechse sogar in kühleren Regionen überleben: Sie sucht mit den Eiern im Körper im Tageslauf immer wieder sonnige Stellen auf, während die Gelege anderer Arten auch einmal in den Schatten geraten. So sind denn auch die besten Beobachtungsplätze lichte Wegesränder oder Totholz auf Kahlflächen, auf denen sich die Tiere aufwärmen.

▲ Der Kopf der Blindschleiche ist dem der Eidechsen sehr ähnlich.

▶ Blindschleichen überwintern gesellig.

Blindschleiche

Anguis fragilis | Schleichen

Die Blindschleiche ist nicht blind, sondern blinkt in der Sonne. Im Laufe der Zeit veränderte sich der Name in diese irreführende Richtung, obwohl die Augen gut zu sehen sind. Die Blindschleiche frisst Insekten, Regenwürmer und Schnecken. In Gärten wird ihr das manchmal zum Verhängnis, denn das dort ausgestreute Schneckenkorn vergiftet auch sie. Die Blindschleiche wird oft mit Schlangen verwechselt und totgeschlagen, dabei ist es eine Echsenart, deren Beine sich im Verlaufe der Evolution zurückentwickelt haben. Gegen tierische Feinde hat sie einen Abwehrmechanismus: Sie ist in der Lage, einen Teil des Schwanzes abzuwerfen, der sich noch viele Minuten kräftig windet und die Angreifer ablenkt. Das schwächt die Blindschleiche zwar enorm, aber immerhin kann sie so fliehen.

Merkmale:
Oberseits kupferfarben, ältere Tiere mit Aalstrich, an den Seiten gestreift. Unterseite grau bis schwarz. Körperlänge bis 40 cm.

▲ Nur in sonnigen Wäldern und Heidegebieten kann die Kreuzotter überleben.

◄ Die schwarze Variante der Kreuzotter ist selten.

Kreuzotter

Vipera berus | Vipern

Merkmale:
Weibchen braun, Männchen grau gefärbt. Gebietsweise auch völlig schwarze Exemplare. Auffälliges Rückenband mit kurzen Querstreifen, das der Kreuzotter ihren Namen gab. Senkrechte Pupille. Körperlänge 60 cm, selten mehr.

Die Kreuzotter ist ein Profiteur der Plantagen- und Kahlschlagwirtschaft. Sie braucht sonnige Bereiche, in denen sie auf Betriebstemperatur kommt, um Mäuse oder Eidechsen zu jagen. Durch die Abkehr von Kahlschlägen gehen diese Biotope zurück, wodurch auch die Kreuzotter seltener wird. Deshalb (wie mancherorts gefordert) nun wieder Waldgebiete abzuholzen, ist völlig unnötig. Diese Viper kommt bis nach Lappland vor und ist insgesamt im Bestand nicht gefährdet. Ihr angeblich tödlicher Biss entpuppt sich bei genauerer Prüfung als Märchen. Zwar ist ihr Sekret hochgiftig, doch da sie es beim Zubeißen nur in geringen Mengen abgibt, besteht nach einer Attacke keine Lebensgefahr.

▲ Schlingnattern sind beißlustige, aber ungiftige Gesellen.

Schlingnatter

Coronella austriaca | Nattern

Die Schlingnatter ist kein echter Waldbewohner. Um Sonne zu tanken, hält sie sich lieber am Rand der Forste auf und zieht von hier aus durch trockene Wiesen und Hänge. In diesen warmen Biotopen erbeutet sie kleine Säugetiere und Eidechsen. Bei größeren Tieren macht sie es wie ihre asiatischen verwandten, die Pythons: Sie schlingt sich um ihr Opfer (Name!) und erwürgt es. Schlingnattern können, wenn sie in die Enge getrieben werden, recht beißlustig sein. Ihr Biss ist jedoch ungiftig, und ihre kleinen Zähne hinterlassen kaum Wunden. Die Bestände der Schlingnatter sind rückläufig, vor allem, weil geeignete Lebensräume, wie etwa alte Kulturlandschaften, verschwinden.

Merkmale:
Körper braun bis grau mit schwacher Fleckung. Kopf klein, Pupille rund. Körperlänge um 70 cm. Verwechslungsmöglichkeit mit Kreuzotter, jedoch fehlt der Schlingnatter der schwarze Rückenstrich.

▲ Die Rote Waldameise gilt als Waldpolizei – davon weiß sie aber nichts.

Rote Waldameise

Formica rufa | Ameisen

Merkmale:
Mittelteil rot gefärbt, Kopf und Hinterleib schwarz. Baut große Hügel, die bis zu 4 m Durchmesser erreichen können.

Rote Waldameisen sind Bewohner der Nadelwälder, da sie ihre Haufen nicht aus Blättern bauen. In den alten Urwäldern Mitteleuropas fehlten sie folglich. Überall dort, wo Fichten und Kiefern künstlich verbreitet wurden, folgten die Ameisen im Schlepptau und sind sehr häufig geworden. Vor diesem Hintergrund ist der besondere Schutz eigentlich überflüssig. Waldameisen gelten als Waldpolizei, weil sie Schädlinge wie etwa Borkenkäfer vertilgen. Diese Sichtweise ist antiquiert, denn sie fressen nicht nur Schadinsekten, sondern ebenso seltene Arten, wie beispielsweise den Eichenzipfelfalter. Zur Abwehr gegen Feinde spritzen sie mit aufgerichtetem Hinterleib Ameisensäure auf die Angreifer. Legt man die Hand kurz auf den Haufen und riecht dann daran, so sticht es regelrecht in der Nase.

▲ Rossameisen raspeln filigrane Nester in Baumstümpfe.

Schwarze Rossameise

Camponotus herculeanus | Ameisen

Rossameisen sind die größten heimischen Ameisen. Wie die Waldameisen leben auch sie in Nadelwäldern, allerdings nicht wegen der Nadeln: Rossameisen nagen ihre Nester in Totholz, vorwiegend in abgebrochene Bäume oder Baumstümpfe. Da Fichten und Kiefern weicheres Holz haben als etwa Eichen, lässt es sich dort leichter bauen. Ihre Gänge nagen sie entlang der Jahrringe und lassen dabei den härteren, dunklen Teil stehen, sodass eine charakteristische Struktur entsteht. Weil die Rossameisen manchmal auch in beschädigte, aber noch lebende Bäume bauen und ihr Nest dann in das gesunde Holz ausweiten, sind sie bei manchem Waldbesitzer nicht gerne gesehen. Ihre Nahrung besteht zum großen Teil aus Honigtau, den süßen Ausscheidungen von Pflanzenläusen.

Merkmale:
Körper schwarz, Körperlänge bis 1,8 cm, Verwechslungsmöglichkeit mit der Braunschwarzen Rossameise (*Camponotus ligniperda*), diese jedoch in der Mitte braun. Sie braucht zudem wärmere Standorte.

▲ **Holzwespen sehen gefährlich aus, stechen aber nur in Holz.**

Gemeine Holzwespe

Sirex juvencus | Holzwespen

Merkmale:
Körper der Weibchen blauschwarz und metallisch glänzend, Männchen ähnlich, aber mit rotgelbem Hinterleib. Körpergröße bis 30 mm. Verwechslungsmöglichkeit mit Riesenholzwespe (*Urocerus gigas*), diese jedoch mit gelbem Hinterleib und einer Größe bis zu 4 cm.

Gemeine Holzwespen sind Pilzzüchter. Die Weibchen legen mithilfe ihres Legestachels Eier unter die Rinde von kranken oder frisch gefällten Bäumen, hauptsächlich Kiefern. Die Legestelle wird dabei gleichzeitig mit Pilzsporen des Braunfilzigen Schichtpilzes (*Amylostereum areolatum*) geimpft, der für das Überleben der Larven unabdingbar ist. Während sich der Nachwuchs bis zu 5 cm in den Stamm hineinraspelt, wachsen auf der Fraßröhre und im umliegenden Holz Pilzrasen, die die Zellulose aufschließen und für die hungrigen Tiere verdaubar machen. Am Ende der Entwicklung, die 2 Jahre dauert, bohren sich die Wespen ein Ausflugloch. Dieses ist kreisrund und bis zu 1 cm groß.

▲ **Namensgebend sind die kammartigen Fühler der Männchen.**

▶ **Die Larven werden nur in Plantagen zu gefährlichen Schädlingen.**

Rote Buschhornblattwespe

Diprion pini | Buschhornblattwespen

Die Rote Buschhornblattwespe verdankt ihren langen Namen den Fühlern der Männchen, deren kammartige Form die Wissenschaft inspirierte. Bedeutender als ihr Name ist jedoch ihr Einfluss auf den Wald: Die Wespe ist auf Kiefernnadeln spezialisiert, von denen sich ihre Larven ernähren. In ihren hungrigen Mäulern verschwinden bis zu 12 Nadeln pro Tag und Tier. In den riesigen Plantagen Nord- und Ostdeutschlands kommt es regelmäßig zu Massenvermehrungen, wobei die Bäume mit Ausnahme der Maitriebe kahl gefressen werden. Unter den Kiefern ist ein Rauschen wie bei einem starken Landregen zu hören – hier ist es allerdings der Kot, der millionenfach zu Boden fällt. Die Bäume erholen sich in aller Regel anschließend wieder. Dennoch werden die Wespen bekämpft, da der Holzzuwachs der Kiefern nach Befall stark zurückgeht.

Merkmale:
Larven gelb mit braunem Kopf, Körper gepunktet, Kot in rhombischer Form. Erwachsene Wespen sind kaum zu finden.

▲ Eichengallwespen sind Schmarotzer, die den Eichen aber nicht schaden.

◄ Typische Eichengallen – im Innern wohnt je eine Larve.

Gewöhnliche Eichengallwespe

Cynips quercusfolii | Gallwespen

Merkmale:
Bis 2 cm große kugelige Gallen, die immer auf der Blattunterseite hängen. Sie sind erst grün, dann gelb und später rötlich gefärbt.

Die Eichengallwespe wendet ein ähnliches Prinzip an wie die Buchengallmücke: Ihre Eier legt sie in Eichenblätter, die daraufhin eine Wucherung bilden. Diese sind kugelrund, und in ihrem Inneren entwickeln sich Larven. Sie verpuppen sich im Herbst, schlüpfen und fallen mit den Gallen vom Baum. Danach krabbeln die fertigen Insekten heraus – es sind allerdings nur Weibchen. Sie legen im Frühjahr Eier in Rindenknospen, aus denen anschließend kleine, behaarte Gallen wachsen, die Tiere beiderlei Geschlechts beherbergen. Erst die nächste Generation bildet dann wieder die typischen großen Kugeln. Eichengallen dienten früher zur Tintenherstellung. Ein Befall schadet dem Baum nicht.

▲ **Gallmücken machen alles eine Nummer kleiner als die Gallwespen.**

▶ **Die Gallen der Art *Hartigiola annulipes* sind stets behaart.**

Buchengallmücke

Mikiola fagi | Gallmücken

Buchengallmücken sind kleine Plagegeister für Buchenblätter: Nach der Eiablage im zeitigen Frühjahr saugen die geschlüpften Larven am jungen Grün. Durch diese Verwundung bildet sich eine ei- bis zipfelförmige Wucherung, in der die Larve geschützt aufwachsen kann. Pro Blatt gibt es meist mehrere Gallen. Im Herbst fallen die Gebilde zu Boden, und im Frühjahr schlüpfen die erwachsenen Mücken – der Zyklus beginnt von Neuem. Gallmücken sind wirtsspezifisch, wechseln also nicht die Baumart. Einer Buche macht selbst ein starker Befall wenig aus, weshalb die Insekten auch nicht als Schädlinge gelten.

Merkmale:
5 mm große, zipfelförmige, unbehaarte Gallen, stets auf der Blattoberseite, grünlich bis rötlich gefärbt, innen hohl und mit kleiner, heller Larve besetzt. Verwechslungsmöglichkeit mit der Gallmückenart *Hartigiola annulipes*, diese jedoch mit behaarten Gallen.

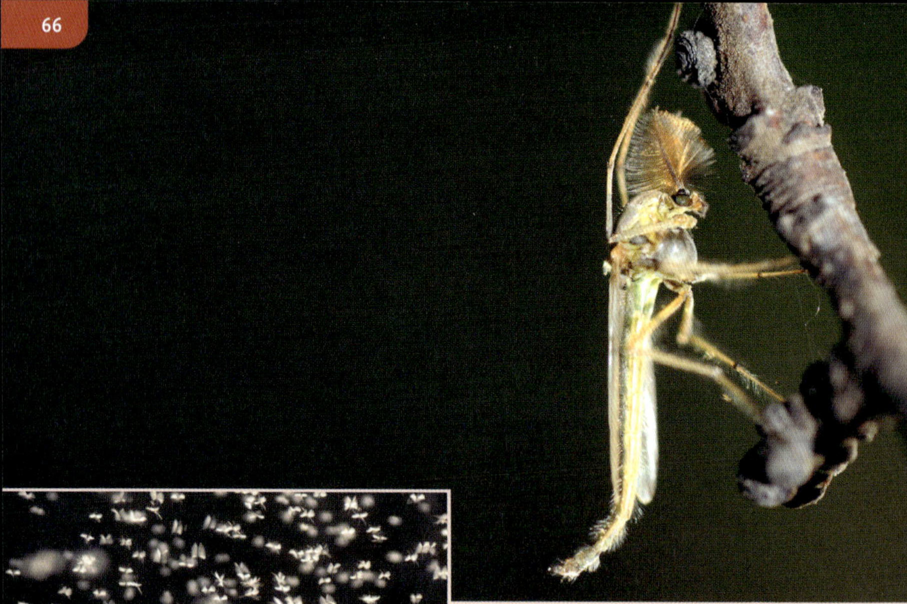

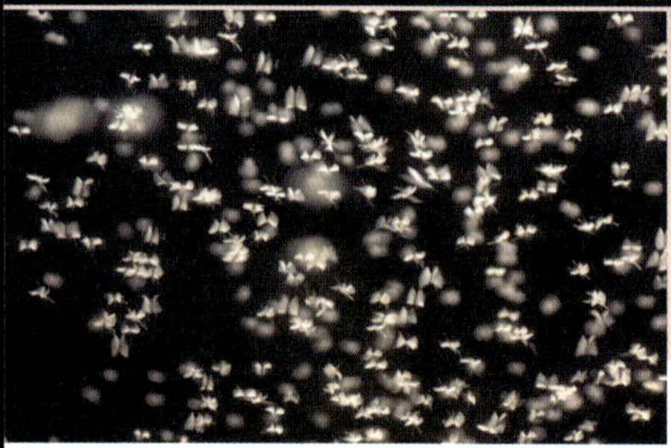

▲ Entwarnung: Zuckmücken stechen nicht!
◀ Große Zuckmückenschwärme sehen aus wie Rauch.

Zuckmücken

Chironomidae | Zuckmücken

Merkmale:
Mücke in sitzender Position mit angehobenem Vorderbeinpaar, welches zuckt (Name!). Bildet große Schwärme, die auf- und niederschweben.

Zuckmücken werden auch Tanzmücken genannt, und genau daran können wir sie gut erkennen: In großen Schwärmen, die meist aus Männchen bestehen, schweben sie auf und nieder. Besonders bei tief stehender Sonne, also in den Morgen- und Abendstunden, sind sie zwischen den Bäumen gut zu beobachten. Und das können wir in aller Ruhe tun, denn Zuckmücken stechen nicht: In ihrem kurzen Leben im erwachsenen Stadium ernähren sie sich von Blattlausausscheidungen oder Nektar. Manchmal sammeln sie sich in so großen Schwärmen, dass sie auf den ersten Blick für Rauch gehalten werden können. Da es mehr als 500 verschiedene Arten gibt, die zu unterschiedlichen Zeitpunkten schlüpfen, sind solche Schwärme über das ganze Sommerhalbjahr hinweg zu beobachten.

▲ Brutbild mit den gleichmäßig abzweigenden Larvengängen.

▶ Wo der Buchdrucker in Massen auftritt, ist der Wald nicht in Ordnung.

Buchdrucker

Ips typographus | Borkenkäfer

Kaum ein Käfer ist so gefürchtet wie der Buchdrucker. Eigentlich stammt er aus den nordisch-kühlen Nadelwäldern, die bei uns nur in den höchsten Lagen zu finden sind. In allen anderen Landstrichen ist er ein Kulturfolger und taucht überall dort auf, wo Fichten angepflanzt wurden. Eigentlich ist der Buchdrucker ein sogenannter Sekundärschädling: Er kann nur vorgeschädigte Bäume befallen. Eine gesunde Fichte ertränkt den Käfer mit einem Harztropfen, sobald er sich in die Rinde bohrt. Fichtenwälder in Mitteleuropa stehen jedoch überwiegend auf ungeeigneten Standorten, wo es für diese Baumart zu warm und zu trocken ist. Hier geht den Fichten regelrecht die Spucke aus, und sie können sich gegen Attacken nicht mehr wehren. Rasch werden dann über eine Massenvermehrung ganze Bergrücken kahl.

Merkmale:
Körper dunkelbraun, hintere Flügeldecken eingebuchtet und gezähnt (zum Herausschieben des Bohrmehls). Körpergröße um 5 mm. Larven weiß mit dunklem Kopf, charakteristisches handgroßes Brutbild.

▲ Brutbild: Die Hauptgänge sind meist sternförmig.

◄ Der Kupferstecher bevorzugt dünne Stämme – er ist ja auch klein.

Kupferstecher

Pityogenes chalcographus | Borkenkäfer

Merkmale:
Körper dunkelbraun, hintere Flügeldecke, besonders beim Männchen, gezähnt, Larven weiß mit dunklem Kopf, Brutbild sternförmig.

Der Kupferstecher ist der kleine Bruder des Buchdruckers. Er befällt dünne Stämme und Äste, die bei stärkerem Befall zum Absterben gebracht werden. In der Regel ist der Kupferstecher an Fichten zu finden, seltener an anderen Nadelhölzern. Größere Bäume werden von ihm nur im Kronenbereich besiedelt, weshalb die abgestorbenen Spitzen von Fichten meist diesem kleinen Käfer zuzuschreiben sind. Die Larven fressen in der Rinde, und vor allem die Wachstumsschicht – das glasklare Kambium mit seinem Zuckervorrat – hat es ihnen angetan. Ohne diese äußere Schicht, die Nährstoffe von der Krone in die Wurzeln transportiert, sterben die unterirdischen Teile eines Baumes ab, sodass anschließend die oberirdischen mangels Wasserversorgung vertrocknen.

▲ Brutbild mit typischer Krümmung am Ende des Ganges.

▶ Der Große Waldgärtner verrät sich durch abfallende grüne Äste.

Großer Waldgärtner

Tomicus piniperda | Borkenkäfer

Der Große Waldgärtner macht seinem Namen alle Ehre: Er schneidet an den Kronen von Kiefern herum, sodass zu deren Füßen etliche grüne Triebe herumliegen. Tatsächlich ist es der Fraß der von der Paarung und Eiablage erschöpften Altkäfer, der dieses Bild erzeugt. Zusammen mit den geschlüpften Jungkäfern fressen sie in den Markröhren der jungen Zweige, sodass diese instabil werden und mit dem nächsten Wind abbrechen. Die befressenen Kiefern sind aber nicht unbedingt die Brutstätte; zur Eiablage wählt der Käfer oft nebenstehende Exemplare. Hier bohrt er wie andere Borkenkäferarten Löcher in die Rinde, um sich in einem Gang zu paaren und Eier zu legen. Dieser Gang ist nicht geradlinig, sondern biegt am Ende spazierstockartig ab.

Merkmale:
Körper schwarzbraun, ohne Zähne am Ende der Flügeldecke, Larven weiß mit dunklem Kopf, Brutbild mit langem, am Ende gekrümmten Zentralgang.

▲ Unter natürlichen Bedingungen ist der Große Braune Rüsselkäfer selten.

◄ Der Lärchen-Scheckenrüssler weist eine stärkere Fleckung auf.

Großer Brauner Rüsselkäfer

Hylobius abietis | Rüsselkäfer

Merkmale:
Graubraune Grundfarbe mit fleckiger, gelblicher Bänderung auf der Oberseite der Flügel. Kopf mit Rüssel. Körperlänge bis 1,5 cm. Verwechslungsmöglichkeit mit Lärchen-Scheckenrüssler (*Hylobius piceus*), dieser jedoch stärker gefleckt und überwiegend an Lärchen.

Der Große Braune Rüsselkäfer ist der Schrecken der Nadelholzwirtschafter. Er frisst gerne an junger Rinde und stürzt sich auf kürzlich aufgeforstete Fichten, Kiefern oder Douglasien, sodass die Bäumchen absterben. Manche Forstbetriebe behandeln bis heute solche Aufforstungen mit Insektiziden. Die Larven entwickeln sich in frischen Baumstümpfen, daher ist der Große Braune Rüsselkäfer ein typischer Begleiter der Kahlschlagswirtschaft. Seine ursprüngliche Heimat liegt in Nord- und Osteuropa sowie in den Hochlagen knapp unterhalb der Baumgrenze. Stören wir den Käfer, so stellt er sich einfach tot.

▲ **Flugangst? Der Dickmaulrüssler bleibt zeitlebens am Boden, denn er hat keine Flügel.**

Fichten-Dickmaulrüssler

Otiorhynchus niger | Rüsselkäfer

Wie sein Kollege, der Große Braune Rüsselkäfer, gilt auch der Fichten-Dickmaulrüssler als Forstschädling. Seine Larven fressen an den Wurzeln von jungen Fichten, wodurch sich diese bei starkem Befall rötlich verfärben und schließlich absterben. Der Dickmaulrüssler kann als Kulturfolger gelten, da er sich besonders in den künstlichen Nadelholzaufforstungen ausbreitet. Schnell ist er dabei allerdings nicht, denn der Dickmaulrüssler kann nicht fliegen. Durch sein für Insekten recht hohes Höchstalter von 3 Jahren vermag er trotzdem einiges an Strecke zurückzulegen. Als Verpflegung dienen ihm neben Fichtennadeln auch Erlenblätter. Forstbetriebe bekämpfen den Rüsselkäfer, indem sie die Wurzeln der Fichtensetzlinge vor der Pflanzung in Insektizide tauchen – das schadet dann leider auch den Bodenorganismen.

Merkmale:
Körper glänzend schwarz, Beine dunkelorange, gefurchte Flügeldecken. Larven weiß mit braunen Borsten. Körpergröße des Käfers 1 cm.

▲ Der Buchenspringrüssler mag auch Obstbäume und ist bei Gärtnern unbeliebt.

◄ Befressenes Buchenblatt mit den typischen Löchern.

Buchenspringrüssler

Rhynchaenus fagi | Rüsselkäfer

Merkmale:
Körper schwarzbraun, Beine rötlich, Körperlänge um 2 mm. Larvengänge sehr dünn, zum Rand hin platzartig breit (Blatt wirkt partiell verwelkt). Schädigung kann mit ann mit Frostschaden verwechselt werden.

Der Buchenspringrüssler, der tatsächlich springen kann, verrät sich durch den Lochfraß an Buchenblättern. Wie mit feinem Schrot zerschossen sehen diese aus, und bei Massenbefall kann eine Buchenkrone schon ein wenig zerrupft wirken. Hinzu kommt, dass die Larven ebenfalls Buchenblätter befressen, und zwar von innen. Dazu höhlen sie erst die Mittelrippe aus, bevor sie Richtung Rand weiterfressen und sich dort anschließend verpuppen. Der Käfer kann auch im Garten beobachtet werden, wenn eine Hecke aus Buchen besteht. Bekämpfungsmaßnahmen sind aber selbst hier wenig sinnvoll, weil der Fraß die Bäume und Hecken nicht dauerhaft schädigt. Mehr Ärger verursacht er an Apfelbäumen, denn er bohrt auch die jungen Früchte an und macht sie damit unbrauchbar.

▲ Nichtraucher: Der Pappelblattroller dreht Zigarren nur für den Schutz seiner Larven.

▶ Die halbe Zigarre ist fertig.

Pappelblattroller

Byctiscus populi | Blattroller

Die Blattroller können ihre Verwandtschaft mit den Rüsselkäfern nicht leugnen, denn auch sie haben den typischen Kopf. Ihr Lebenswandel unterscheidet sich jedoch deutlich: Um ihre Larven zu schützen, rollen sie in mühsamer Arbeit Blattwickel, im Volksmund „Zigarren“ genannt. Ist die Rolle vollendet, wird sie mit Sekreten zusammengeklebt und damit gesichert. Hier hinein werden nun die Eier gelegt, sodass die Larven vor Fressfeinden geschützt aufwachsen können. Als Wirtspflanze kommen verschiedene Pappelarten, hauptsächlich die Zitterpappel, in Frage. Die erwachsenen Käfer fressen ebenfalls an diesen Laubbäumen und sind an den benagten Blättern zu erkennen: Es wird nicht das gesamte Gewebe verspeist, sondern nur die obere Schicht, sodass die Blätter wie mit Fenstern durchsetzt wirken.

Merkmale:
Körperfarbe metallisch schimmernd, je nach Lichteinfall von Gold über Grün bis Blau. Unterseite stets dunkel. Körperlänge um 5 mm. Verwechslungsmöglichkeit mit dem Rebenstecher (*Byctiscus betulae*), dieser jedoch größer, Ober- und Unterseite gleich gefärbt, dunkler Bauch.

▲ **Der Pappelblattkäfer – Larven und Käfer fressen Pappelblätter.**

Roter Pappelblattkäfer

Chrysomela populi | Blattkäfer

Merkmale:
Kopf und Hals schwarz, Flügeldecken orangerot mit schwarzen Spitzen am Ende, Unterseite schwarz. Körperlänge 8 bis 12 mm.

Der Rote Pappelblattkäfer wird bei uns immer häufiger. Der Grund: Es gibt mehr und mehr Kurzumtriebsplantagen. Das sind Baumanpflanzungen auf Äckern, die alle 5 bis 10 Jahre zerhäckselt und als Rohstoff für Biomassekraftwerke verwendet werden. Aus den Stümpfen treiben wieder neue Bäume, sodass dieses Spiel über viele Jahre wiederholt werden kann. Etliche dieser Plantagen bestehen aus Pappeln, und in diesen Monokulturen vermag sich der hübsche rote Besucher bestens zu vermehren. Seine Larven fressen Blätter, der Käfer selbst später auch, wodurch die produzierte Biomasse und damit der Ertrag einer Plantage kräftig zurückgehen kann. Daher werden in Kurzumtriebsplantagen zunehmend Biozide eingesetzt, obwohl es ursprünglich hieß, das sei nicht notwendig.

▲ Die Zukunft des Siebenpunkts sieht düster aus.
▶ Asiatische Marienkäfer gibt es in vielen Farbvarianten.

Siebenpunkt-Marienkäfer

Coccinella septempunctata | Marienkäfer

Der Siebenpunkt-Marienkäfer ist der bekannteste Vertreter aus der riesigen Familie der Marienkäfer. Larven und erwachsenen Käfern ist eines gemein: Sie fressen Hunderte von Blattläusen. In blattlausreichen Jahren vermehren sich die Sympathieträger ebenfalls und können im Spätsommer zur Plage werden, wenn sie sich in großen Mengen sammeln, wie vor einiger Zeit an der Ostseeküste. Mittlerweile hat der Siebenpunkt Konkurrenz bekommen. Aus Biobetrieben entwich der Asiatische Marienkäfer (*Harmonia axyridis*), der dort zur Schädlingsbekämpfung eingesetzt wurde. Er brachte Krankheitserreger mit, die den heimischen Marienkäfern stark zusetzen, sodass sich der Neubürger immer mehr durchsetzt. Auch Winzern macht er zu schaffen: Wenn er in den Trauben sitzt und mitgeerntet wird, kann er ganze Partien geschmacklich verderben.

Merkmale:
Schwarzer Kopf und Hals mit weißen Punkten, Flügeldecken orangerot mit sieben Punkten. Unterseite schwarz. Verwechslungsmöglichkeit mit Asiatischem Marienkäfer, dieser meist mit 19 Punkten, aber recht variabel gefärbt.

▲ Früher ein Arme-Leute-Essen: Der Maikäfer.

◄ Engerling – Maikäfer verbringen bis zu 5 Jahre im Larvenstadium.

Waldmaikäfer

Melolontha hippocastani | Blatthornkäfer

Merkmale:
Flügeldecken rotbraun, Bauchseite schwarz, Fühler mit aufgefächerten Enden, Körperlänge bis 3 cm. Verwechslungsmöglichkeit mit dem Feldmaikäfer (*Melolontha melolontha*), dieser jedoch mit schmalerem letzten Körperglied.

Der Waldmaikäfer schien so selten, dass sich Reinhard Mey 1974 zu seinem Lied „Es gibt keine Maikäfer mehr" inspiriert fühlte. Heute wissen wir, dass die Käfer sich in langen Abständen von 30 bis 40 Jahren in Massen vermehren und dazwischen nur selten auftreten. Momentan sind sie relativ häufig. Eigentlich müsste der Name „Maiwurm" lauten, denn von den 4 Jahren Lebenszeit erlebt das Tier nur wenige Wochen im ausgewachsenen Zustand. Dann frisst es an Blättern von Laubbäumen, bei Massenbefall kann es zum Kahlfraß ganzer Wälder kommen. Den größten Teil seines Lebens verbringt der Maikäfer als Larve im Boden und benagt dort Wurzeln, weshalb er bei Förstern als Schädling gilt.

▲ Der Gerippte Brachkäfer ist die kleine Version des Maikäfers.

► Die Larven fressen an Baumwurzeln.

Gerippter Brachkäfer

Amphimallon solstitiale | Blatthornkäfer

Der Gerippte Brachkäfer ist bekannter unter dem Namen „Junikäfer“, und das passt auch viel besser zu ihm: In den ersten Junitagen fliegen vor allem die Männchen in der Dämmerung in großen Schwärmen zum Waldrand, um sich dort zu paaren. Da dieser Rand sich dunkel vom hellen Offenland abhebt, ist dies das optische Signal für die Käfer. Spaziergänger, die nach Sonnenuntergang unterwegs sind, werden daher genauso angeflogen. Die späte Tageszeit wird gewählt, damit sie ihren Fressfeinden, den Vögeln, ausweichen. Der Junikäfer ist gut zu identifizieren, denn er sieht aus wie die kleinere Ausgabe des Maikäfers. Wie dieser fressen die Käfer Blätter. Aus den im Juli in den Boden gelegten Eiern schlüpfen Larven, die an Baumwurzeln nagen. Das kann bei Massenvermehrungen zu Waldschäden führen.

Merkmale:
Flügeldecken braun, mit leichten Rippen, am Rand behaart. Fühler aufgefächert, Körperlänge bis 18 mm. Verwechslungsmöglichkeit mit *Amphimallon ochraceum*, dieser jedoch ohne seitliche Haare.

▲ **Nashornkäfer – das Horn des Weibchens ist kleiner.**

Nashornkäfer

Oryctes nasicornis | Blatthornkäfer

Merkmale:
Flügeldecken glänzend braun, Kopf und Hals schwarz, sehr breit und mit dem charakteristischen „Nasenhorn". Körperlänge bis 40 mm.

Der Nashornkäfer ist eine spektakuläre Erscheinung und unverwechselbar: Mit seinem Nasenhorn sieht er tatsächlich aus wie eine Miniaturausgabe seines Namensgebers aus der afrikanischen Savanne. Der Nashornkäfer ist ein Urwaldbewohner, dessen Larven sich im Mulm verrottenden Totholzes entwickeln. Ob er immer bei uns heimisch war, ist umstritten. Möglicherweise handelt es sich um einen Kulturfolger, denn in Siedlungsnähe ist sein Nachwuchs auch in Rinden-, Komposthaufen oder Sägemehl zu finden. Sein Hauptverbreitungsgebiet liegt in Südeuropa, dennoch ist er sogar in Schweden anzutreffen. Wenn in verrottenden Gartenabfällen ein bis zu 10 cm langer Engerling auftaucht, dann gilt: Bitte in Ruhe lassen. Schließlich könnte es ein Nashornkäferbaby sein.

▲ Im Sommer häufig auf feuchten, schattigen Waldwegen zu finden – der Waldmistkäfer.

▶ Der Gemeine Mistkäfer ist ebenfalls im Wald zu finden.

Waldmistkäfer

Geostrupes stercorosus | Blatthornkäfer

Waldmistkäfer sind häufige Gesellen in unseren Wäldern, seit die Bestände von Rehen und Hirschen stark gestiegen sind. Deren Hinterlassenschaften sind das Hauptnahrungsmittel der Waldmistkäfer. Zudem wird auch der Nachwuchs mit Mistpackungen versorgt, die die Altkäfer in eigens gegrabenen Stollen deponieren. Dort hinein wird zum Schluss ein Ei gelegt, und anschließend kann die Larve hier bis zu 1 Jahr vor sich hin fressen, bevor sie sich verpuppt und zum Käfer wird. Mistkäfer können „singen". Dazu haben sie Leisten am Körperrand, die sie übereinanderschaben lassen, sodass ein leiser, aber schriller Laut entsteht. Dieser ist auch zu hören, wenn der Käfer protestiert, etwa wenn wir ihn auf die Hand nehmen.

Merkmale:
Körper blauschwarz glänzend, Beine mit kräftigen Dornhaken, Körperlänge bis 18 mm. Verwechslungsgefahr mit dem Gemeinen Mistkäfer (*Geotrupes stercorarius*), dieser jedoch mit einer kleinen Delle an jeder Seite des Halsschildes und bis 25 mm lang.

▲ Die kräftigen Kiefer des männlichen Hirschkäfers werden bei Rangkämpfen eingesetzt.

◄ Den Weibchen fehlt das „Geweih".

Hirschkäfer

Lucanus cervus | Schröter

Merkmale:
Körper schwarzbraun, Männchen mit stark vergrößertem Oberkiefer („Geweih"), dieses rötlich braun, Weibchen mit gelben Haarflecken an den Vorderbeinen. Hirschkäferweibchen ohne „Geweih". Körperlänge der Männchen bis 70 mm.

Der Hirschkäfer ist der größte heimische Käfer. Sein Geweih, vielmehr seine Oberkiefer, nutzt er zu Kämpfen mit seinen Rivalen. Der Sieger wirft den Unterlegenen anschließend kurzerhand vom Baum. Die Weibchen sind unscheinbarer und haben keine vergrößerten Zangen, aber sie brauchen ja auch nur auf den Erstplatzierten zu warten. Die Larven entwickeln sich in Totholz und verbringen dort bis zu 8 Jahre. Die Bindung an alte, abgestorbene Eichen ist nicht so zwingend, wie lange vermutet wurde: Hirschkäferlarven sind ebenfalls im toten Holz anderer Baumarten zu finden, manchmal sogar in hölzernen Zaunpfählen. Es lohnt sich also auch im Garten an einem lauen Sommerabend nach diesen Käfern Ausschau zu halten.

▲ Der Balkenschröter besiedelt feuchtes Totholz, keine trockenen Balken.

Balkenschröter

Dorcus parallelipipedus | Schröter

Der Balkenschröter ist ein Verwandter des Hirschkäfers, allerdings eine Nummer kleiner: Die Männchen haben zwar einen breiten Kopf, aber kein „Geweih". Die Larven bleiben im Gegensatz zum Hirschkäfer nur bis zu 3 Jahre im Totholz, bevor sie sich verpuppen, und die Körperlänge ist auch nur halb so groß wie beim größeren Vetter. Zudem kann der Balkenschröter leicht mit dem Hirschkäferweibchen verwechselt werden. Ihm fehlen allerdings ihre gelben Haarflecken, er glänzt nicht so schön, ist dafür aber auf den Flügeldecken stärker punktiert. Der Balkenschröter steht zwar in etlichen Regionen unter Schutz, ist aber dennoch vielerorts in Laubwäldern anzutreffen.

Merkmale:
Körper schwarzbraun bis schwarz, bei den Männchen Halsschild und Kopf gleich breit, bei den Weibchen Kopf schmaler als Halsschild. Punktierte Flügeldecken, Körperlänge bis 32 mm.

▲ Auf der Oberseite des Blutroten Schnellkäfers befinden sich kleine Härchen.

Blutroter Schnellkäfer

Ampedus sanguineus | Schnellkäfer

Merkmale:
Körper schwarz mit orange-roten Flügeldecken, auffällige „Kerbe“ hinter Halsschild und Hinterleib (zum Einrasten beim Sprung). Körperlänge um 15 mm. Verwechslungsmöglichkeit mit einigen anderen Schnellkäferarten, diese jedoch kleiner.

Schnellkäfer sind nicht schnell. Wenn wir sie aber auf den Rücken legen, so können sie schlagartig emporschnellen, um wieder auf den Füßen zu landen. Dazu verhaken sie den Brustbereich und den Hinterleib, bauen Spannung auf und lösen das Ganze dann wieder abrupt. Beim Hochspringen entsteht dabei ein typisches Klick-Geräusch. Die Larven, sogenannte Drahtwürmer, leben vorwiegend in verrottendem Holz von Kiefern. Dort fressen sie aber nur anfangs Zellulosefasern, später stellen die schlanken Larven auf fleischliche Kost um und jagen andere Totholzbewohner. Der geschlüpfte Käfer ist dann wieder friedlich. Er sucht sich seine Nahrung auf Blüten, vorwiegend Doldengewächsen.

▲ Das Verbreitungsgebiet des Mausgrauen Schnellkäfers ist sehr groß.

Mausgrauer Schnellkäfer

Agrypnus murinus | Schnellkäfer

Der Mausgraue Schnellkäfer ist tatsächlich ein graues Mäuschen: Im Gegensatz zu seinen farbenfrohen Verwandten kommt er sehr unauffällig daher und verbirgt seine Einfarbigkeit noch unter kleinen, hellen Schuppen, die ihn wie halb verschimmelt aussehen lassen. Wenn er nicht auf krautigen Pflanzen am Wegesrand zu finden ist, hält er sich unter Steinen im Wald auf. Auch der Mausgraue Schnellkäfer beherrscht den Sprungtrick (siehe linke Seite), wenn er auf den Rücken gelegt wird. Die Kombination von Farbe und Hochschnellen ist einmalig; insofern ist dieser Käfer unverwechselbar. Sein Verbreitungsgebiet ist riesig: Ob im warmen Südeuropa, im kühlen Skandinavien, im fernen Asien (bis nach Sibirien) und sogar in Nordamerika, überall ist diese Käferart zu finden.

Merkmale:
Körper graubraun, überdeckt mit winzigen, hellen Schuppen, teils in Mustern angeordnet. Beine und Fühler bräunlich. Körperlänge bis 17 mm.

▲ **Profitiert von den Borkenkäfern der Nadelwälder: der Ameisenbuntkäfer.**

Ameisenbuntkäfer

Thanasimus formicarius | Buntkäfer

Merkmale:
Kopf und Beine schwarz, Halsschild und Unterseite rot. Flügeldecken schwarz mit Rot sowie mit weißen, gewellten Streifen. Aussehen erinnert an Ameisen. Körperlänge bis 10 mm.

Der Ameisenbuntkäfer mag zwar aussehen wie eine kostümierte Ameise, seine Lebensweise geht aber in eine ganz andere Richtung: Er ist auf Borkenkäfer spezialisiert. Sowohl die Larven als auch die erwachsenen Käfer jagen Buchdrucker, Kupferstecher und Co. in allen Stadien. Dazu schlüpfen sie, wie ihre Beute, unter die Rinde, und nur hier sind sie zu entdecken. Heben wir Borke von einem befallenen Baum an, so sehen wir mit etwas Glück diesen kleinen, aber auffälligen Käfer für einen kurzen Moment verdutzt auf dem Holz sitzen. Schnell versteckt er sich jedoch wieder unter dem nächsten Rindenstück. Bei Waldbesitzern ist der Ameisenbuntkäfer als Helfer gegen Borkenkäferplagen gern gesehen, obwohl er auf den Zusammenbruch einer Massenvermehrung keinen Einfluss hat.

▲ Den Scharlachroten Feuerkäfer finden wir im Sommer auf Blumen.

Scharlachroter Feuerkäfer

Pyrochroa coccinea | Feuerkäfer

Der Scharlachrote Feuerkäfer macht seinem Namen alle Ehre. Bis auf den Kopf ist die Oberseite einschließlich des Halsschilds kräftig rot gefärbt. Die Käfer fressen süße Blattlausexkremente oder Pflanzensäfte, die Larven dagegen sind gefräßige Raubtiere. Sie jagen unter der Rinde von Laubbäumen, die schon beschädigt sind. Hier haben zuvor oft Bock- oder Prachtkäfer ihre Eier gelegt, damit deren Larven unter der Rinde der kranken Bäume fressen können. Genau auf diese Beute hat es der Nachwuchs des Feuerkäfers abgesehen. Sind keine fremden Käferkinder mehr zu finden, so vergreift er sich schon einmal an seinen Geschwistern. Maximal 3 Jahre dauert dieser Kampf um alles oder nichts, dann verpuppen sie sich und wandeln sich zu scharlachroten Erwachsenen.

Merkmale:
Kopf und Unterseite schwarz, Halsschild und Flügeldecken rot. Fühler sägeartig geformt. Larven gelb-beige mit kräftigen Zangen sowie zwei nach hinten gerichteten Hinterleibsdornen.

▲ Wo es nach Verwesung stinkt, findet man den Totengräber.

Gemeiner Totengräber

Nicrophorus vespilloides | Aaskäfer

Merkmale:
Körper glänzend schwarz, Flügeldecken mit auffälligen, orangefarbenen Querbändern, Fühlerspitzen mit orangefarbenen Enden, Körperlänge um 20 mm.

Im Wald gibt es einen Bestatter: den Gemeinen Totengräber. Kleinere Tierkadaver, etwa von Mäusen, sind für ihn die richtige Größe. Die Männchen kämpfen um ihn, der Sieger lockt anschließend ein Weibchen an. Gemeinsam zerren und vergraben sie den Kadaver einige Zentimeter tief in den Waldboden und verformen die Beute zu einer Kugel. Danach werden nebenan durchschnittlich 10 Eier gelegt. Die schlüpfenden Larven sind noch zu klein, um das verwesende Fleisch zu zerbeißen. Daher hilft in den ersten Tagen ihre Mutter, indem sie ein paar Happen vorverdaut und ihren Kleinen dann tröpfchenweise gibt. Sind sie groß genug, machen sie sich selbstständig auf in die Mäuseleiche und fressen bis zur Verpuppung. Nach etwa 2 Wochen schlüpfen die Käfer, die sich anschließend von anderen Insekten oder Aas ernähren.

▲ Die Rothalsige Silphe ist nicht ganz so wählerisch wie der Totengräber.

Rothalsige Silphe

Oeceoptoma thoracica | Aaskäfer

Die Rothalsige Silphe befindet sich überall dort, wo es stinkt: Kot von großen Tieren, Stinkmorcheln, verfaulende Pflanzenreste, Tierkadaver. All das ist ein Eldorado für diesen Aaskäfer, der nicht so spezialisiert ist wie der Totengräber. Hauptsache, es riecht übel – dann ist die Rothalsige Silphe zur Stelle und beginnt mit dem Festschmaus. Für die Larven gibt es keine Extrawurst, sie fressen dieselben Dinge wie ihre Eltern. Für Stinkmorcheln ist der Käfer ein wichtiger Helfer, denn auf seinen Touren durch den Wald verteilt er die Sporen. Das Verbreitungsgebiet ist riesig: Von Südeuropa über Skandinavien bis nach Japan ist die Rothalsige Silphe in vielen Wäldern zu Hause.

Merkmale:
Körper und Flügeldecken grau-schwarz, orangefarbener Halsschild mit kleinen Haaren, Körperform wanzenähnlich sehr flach. Fühler kurz, am Ende dicker.

▲ **Nur die Larven fressen, die Käfer dagegen fasten.**

Waldbock

Spondylis buprestoides | Bockkäfer

Merkmale:
Körper schwarz, Flügeldecken mit Rippen. Kräftige Zangen, kurze Fühler. Halsschild halbkugelförmig. Körpergröße um 20 mm.

Der Waldbock hat von der modernen Plantagenwirtschaft profitiert: Er lebt in Kiefernwäldern, die nach der letzten Eiszeit in Mitteleuropa fast verschwunden waren. Fast – bis der Mensch auf großer Fläche Kiefern anbaute und dem Käfer damit neuen Lebensraum gab. Die Larven fressen in moderndem Holz, häufig in alten Baumstümpfen. Da sie keine Zellulose verdauen können, helfen ihnen Darmbakterien, die schwere Kost aufzuschließen. Wenn die Käfer nach 2 Jahren aus den Stümpfen schlüpfen, ist es mit den Mahlzeiten vorbei: Sie nehmen bis zum Tod nun keine Nahrung mehr auf. Die Zeit von der Paarung bis zur Eiablage überbrücken die Käfer mit Fettreserven im Körper; nach der Vermehrung sterben sie.

▲ Der gefleckte Schmalbock kann wie eine Grille zirpen.

Gefleckter Schmalbock

Strangalia maculata | Bockkäfer

Der Gefleckte Schmalbock ist einer unserer häufigsten Bockkäfer. Aufgrund seiner auffälligen Zeichnung ist er leicht zu entdecken. Er ist im Sommer auf Blüten am Wegesrand zu finden, wo er Pollen und Nektar frisst. Besonders liebt er das Mädesüß, aber auch Doldengewächse wie die Engelwurz werden gerne besucht. Wenn es hier zirpt, müssen es keine Grillen sein, denn dieser Käfer kann ähnliche Geräusche von sich geben. Seine Eier legt der Gefleckte Schmalbock in das Totholz von Laubbäumen, wo die Larven bis zu 3 Jahre lang heranwachsen. Die erwachsenen Käfer leben nach dem Schlupf nur noch 2 bis 4 Wochen – ein Schicksal, das sie mit vielen Arten teilen. Ihr Verbreitungsgebiet erstreckt sich von ganz Europa bis hin zum Nahen Osten.

Merkmale:
Körper schwarz, Flügeldecken schwarz-gelb gestreift und gepunktet. Sehr lange Fühler, ebenfalls schwarz-gelb gestreift. Körperlänge bis 20 mm. Verwechslungsmöglichkeit mit dem Gemeinen Widderbock (*Clytus arietis*), dieser jedoch mit kurzen Fühlern, Körperform wespenähnlich.

▲ Er benötigt beschädigte Alteichen, die in unseren Wäldern kaum mehr zu finden sind.

Großer Eichenbock

Cerambyx cerdo | Bockkäfer

Merkmale:
Körper schwarzbraun, Halsschild mit seitlichem Dorn, Fühler körperlang (Weibchen) oder doppelt körperlang (Männchen), mit Knoten. Körperlänge bis 52 mm.

Der Große Eichenbock ist sehr selten geworden. Das liegt an seinem Biotop: Es sind alte, mächtige Eichen, die kränkeln. Abplatzende Rinde bei absterbenden Exemplaren, Beschädigungen durch Blitzschlag oder Sturm – allen Vorgängen ist eines gemein: Es entsteht feuchtes Totholz. Während der Baum auf einer Seite noch intakte Rinde hat und somit fließenden Saft, ist der Holzkörper auf der anderen Stammseite der Verwitterung schutzlos ausgeliefert. Die moderne Forstwirtschaft entnimmt kranke Eichen schon frühzeitig, damit der Platz für gesunde zur Verfügung steht. Eichenbocklarven brauchen jedoch feuchtes Totholz für ihre bis zu 4 Jahre lange Entwicklung. Hinzu kommt, dass der Käfer sehr standorttreu ist. Sind alle beschädigten dicken Eichen verschwunden, erlischt auch der Eichenbockbestand.

▲ Lederlaufkäfer jagen gerne nach Regenschauern.

Lederlaufkäfer

Carabus coriaceus | Laufkäfer

Der Lederlaufkäfer ist ein großer Schneckenjäger. Vor allem nachts geht er auf die Jagd. Hat er Beute gefunden, dann bespritzt er diese mit Verdauungssekret. Löst sich die Schnecke auf, so wird sie anschließend genüsslich aufgesaugt. Der schwere Lederlaufkäfer ist zwar gut zu Fuß, aber schlecht in der Luft: Er kann kaum noch fliegen. Feinde wehrt er daher weniger durch Flucht, sondern mit Chemie ab, indem er ihnen eine stinkende Flüssigkeit entgegenspritzt. Den Lederlaufkäfer können wir besonders gut bei feuchtem Wetter beobachten, etwa nach Regenschauern, da anschließend viele Schnecken unterwegs sind. Bei seiner Suche nach Verstecken für den Tag landet er ab und zu in Kellerschächten und sorgt dann wegen seiner Größe für einen kleinen Schrecken bei den Hausbewohnern.

Merkmale:
Körper schwarz, Flügeldecken wirken durch die lederartige Struktur matt. Kopf mit kräftigen Zangen. Körperlänge 40 mm.

▲ Große Puppenräuber schimmern manchmal auch rötlich.

Großer Puppenräuber

Calosoma sycophanta | Laufkäfer

Merkmale:
Körper metallisch schillernd, die Brust eher blau, die Flügeldecken eher grün. Flügeldecken mit Längsrillen. Körperlänge bis 28 mm.

Der Große Puppenräuber gilt als Freund der Förster. Er vertilgt mit großem Appetit Hunderte von Raupen und Schmetterlingen pro Jahr. Da Waldschmetterlinge meist als Schädlinge gelten, weil ihr Nachwuchs an Nadeln und Blättern frisst, ist hier jede Hilfe willkommen. Bis nach Nordamerika wurde der Käfer exportiert, um dort Schwammspinner, eine Schmetterlingsart, zu bekämpfen. Dabei wurde und wird aber gerne übersehen, dass der Große Puppenräuber natürlich auch seltene Arten frisst – Hauptsache, es schmeckt. Seine Larven teilen seinen Geschmack und vertilgen die gleichen Beutetiere. Große Puppenräuber sind tagaktiv, klettern auch gerne in Bäume und können trotz ihrer Zugehörigkeit zu den Laufkäfern gut fliegen.

▲ Der Kupferbraune Sandlaufkäfer ist farblich an trocken-sandige Böden angepasst.

Kupferbrauner Sandlaufkäfer

Cicindela hybrida | Laufkäfer

Der Kupferbraune Sandlaufkäfer braucht trockene und warme Tage, um aktiv zu sein. Entsprechend ist er nur im Hochsommer zu beobachten und auch dann nur in lichten, trockenen Wäldern. Hier jagt er im schnellen Zickzacklauf Insekten, die er mit den kräftigen Zangen packt und verspeist. Die Käfer sind nur auf Sandböden zu finden, denn dort hinein bauen ihre Larven Röhren. Diese sind bis zu 50 cm lang und oben mit losem Sand verschlossen. Hier lauert der hungrige Käfernachwuchs auf vorbeilaufende Beute, die mit einer raschen Bewegung aus dem Versteck heraus geschnappt wird. Nach etwa 16 Monaten ist die Entwicklung abgeschlossen und das Leben als Laufkäfer beginnt. Der Kupferbraune Sandlaufkäfer kommt bis in den Norden Skandinaviens und im Osten bis Sibirien vor.

Merkmale:
Körper kupferbraun, Flügeldecken mit weißem Wellenmuster, großer Kopf mit großen Augen, Körperlänge um 15 mm. Verwechslungsmöglichkeit mit dem Berg-Sandlaufkäfer (*Cicindela sylvicola*), dieser mit Härchen zwischen den Augen, auch lebt er nicht in den Tiefebenen (Name!).

▲ **Der Goldglänzende Laufkäfer ist nur nachts unterwegs.**

Goldglänzender Laufkäfer

Carabus auronitens | Laufkäfer

Merkmale:
Körper metallisch grün glänzend, Flügeldecken mit dunklen Längsrillen, erste Beinglieder braunorange. Körper bis 36 mm lang. Verwechslungsgefahr mit dem Goldlaufkäfer (*Carabus auratus*), dieser jedoch tagaktiv. Beim Goldlaufkäfer sind die Längsrillen nicht dunkel.

Der Goldglänzende Laufkäfer liebt dunkle, feuchte Laubwälder. Hier geht er nachts auf Jagd nach allem, was er noch bezwingen kann: Regenwürmer, Schmetterlingsraupen, Schnecken und Insekten – was er fängt, wird gepackt und verspeist. Als typischer Waldbewohner erklimmt er auf seinen Beutezügen sogar Bäume. Weil er die wärmende Sonne nicht so nötig hat wie andere Laufkäferarten, kommt er bis in den Hochlagen der Alpen vor. Trotzdem meidet er Nordeuropa – dort sind die Winter dann doch zu lang. Tagsüber und auch in der kalten Jahreszeit versteckt sich der Käfer in verrottenden Baumstämmen oder tief im Laub. Er verzehrt Raupen, die als forstwirtschaftliche Schädlinge gelten und steht deshalb unter Schutz, obwohl er eigentlich nicht so selten ist.

▲ Der Admiral fliegt auf der gleichen Route wie die Zugvögel.

▶ Auch seine Unterseite ist bunt.

Admiral

Vanessa atalanta | Edelfalter

Der Admiral ist einer von vielen Schmetterlingen der Feldflur, der auch im Wald zu finden ist. Kahlschläge oder breite Wege, an denen reichlich Blütenpflanzen wachsen, ermöglichen diesem Edelfalter das Vordringen ins Reich der Bäume. Von Natur aus waren solche Schmetterlinge in den alten Urwäldern nicht zu Hause, denn die Dunkelheit des Bodens gab duftenden Blumen keine Chance. Buchen, Eichen und Co. blühen nur alle paar Jahre und setzen zudem auf den Wind als Bestäuber – das ist nichts für Insekten wie den Admiral. Er wandert jedes Jahr von Südeuropa zu uns ein und legt seine Eier an Brennnesseln. Die geschlüpften Falter tanken noch einmal Kraft an gärendem Fallobst, bevor sie im Herbst wieder nach Süden ziehen.

Merkmale:
Flügel oberseits dunkelbraun mit orangefarbenen Bändern und weißen Flecken, unterseits weniger deutlich abgegrenzt, aber sehr farbig. Spannweite bis 65 mm.

▲ Der Große Schillerfalter ist einer der wenigen echten Waldschmetterlinge.

Großer Schillerfalter

Apatura iris | Edelfalter

Merkmale:
Flügel dunkelbraun-grau, beim Männchen deutlich blau schillernd, weiße Flecken halbkreisförmig von den Hinterflügeln über die Vorderflügel, Größe um 6 cm. Verwechslungsmöglichkeit mit dem Kleinen Schillerfalter (*Apatura ilia*), dieser jedoch orangefarben gesäumt.

Der Große Schillerfalter ist einer der wenigen großen Schmetterlinge, die nur im Wald und an Waldrändern leben. Schon zur Paarung benötigt er Bäume, meist Sal-Weiden. Seine grünen Raupen fressen dort an den Blättern. Sie sind leicht an zwei Kopfhörnern zu erkennen, die sie wie eine Nacktschnecke aussehen lassen. Der geschlüpfte Falter sitzt nicht an Blüten, sondern auf feuchten Waldwegen oder an Kot und Aas. Ohne Sal-Weiden verschwindet der Schillerfalter – und leider wird dieser Baum forstwirtschaftlich als Unkraut gewertet. In Wirtschaftsbeständen wird er daher regelmäßig beseitigt, sodass der Schillerfalter selten geworden ist.

▲ Im Fadenkreuz: Der Kiefernspinner wird alljährlich mit Gift bekämpft.

▶ Die Raupe überwintert und frisst im Frühjahr weiter.

Kiefernspinner

Dendrolimus pini | Glucken

Der Kiefernspinner ist ein gefürchteter Forstschädling. Seine Larven sind sehr gefräßig und steigern ihr Gewicht vom Schlüpfen aus dem Ei bis zur Verpuppung um fast das Tausendfache. Ihre Leibspeise: Kiefernnadeln, die sie bis zum Ansatz verzehren. In Beständen mit starkem Befall rauscht ein deutlich hörbarer Kotregen von den Bäumen. Gefressen wird, bis sämtliche Zweige kahl sind. In Extremfällen wurde beobachtet, dass die Raupen dann in Nachbarbestände wandern und dort weiterfressen. Massenvermehrungen treten nur in Kiefernplantagen auf trockenen Böden auf. Wichtigste Gegenmaßnahme wäre daher das Zupflanzen von Laubbäumen oder gleich die Rückführung der Wälder in Eichen- und Buchenbestände. Das geschieht bis heute aber nur sehr langsam; stattdessen werden noch häufig Insektizide per Hubschrauber versprüht.

Merkmale:
Flügel grau-braun, rindenartig gemustert und behaart. Auf jedem Flügel ein kleiner, weißer Fleck. Spannweite bis 90 mm.

▲ Der Buchen-Zahnspinner frisst zwar an Blättern, schadet den Buchen aber kaum.

◄ Eigenartig ist die Raupe des Buchen-Zahnspinners.

Buchen-Zahnspinner

Stauropus fagi | Zahnspinner

Merkmale:
Flügel grau-braun, mit schwachen Mustern, mittig eine gezackte helle Linie, behaart. Hinterflügel groß, in Sitzstellung deutlich unter den Vorderflügeln hervorschauend. Spannweite bis 60 mm.

Der Buchen-Zahnspinner ist ein schönes Beispiel dafür, dass die meisten „Schädlinge" im natürlichen Verbreitungsgebiet einer Baumart kaum eine wirkliche Gefahr darstellen. Da Mitteleuropa überwiegend Buchenurwaldland war, die Buche hier bestens zurechtkommt und sehr vital ist, kann ihr der Schmetterling kaum schaden. Seine Raupen haben ein sonderbares Aussehen: Sie besitzen sehr lange Brustbeine, einen hohen Kopf sowie zwei Antennen am Hinterleib. Diesen richten sie bei Gefahr drohend auf. Reicht das nicht, so können die Raupen ätzende Ameisensäure verspritzen. Sind keine Buchen greifbar, so legt der Buchen-Zahnspinner seine Eier auch an Birken, Ahorn oder Hainbuchen.

▲ **Der Eichen-Prozessionsspinner: Nur gefährlich, wenn die Natur aus dem Lot ist.**

► **Die Raupen wandern in langen Reihen.**

Eichen-Prozessionsspinner

Lasiocampa quercus | Zahnspinner

Der Eichen-Prozessionsspinner sorgt häufig für Pressemeldungen. Die Raupen leben gesellig und marschieren im Gänsemarsch an den Stämmen hinauf. Ältere Exemplare sind mit Gifthaaren besetzt, die leicht abbrechen und die beim Menschen Juckreiz oder sogar allergische Reaktionen verursachen. Selbst die Haare toter Raupen oder deren Häute können noch jahrelang wirksam bleiben. Kein Wunder, dass beim Auftreten dieses Spinners die Behörden alarmiert werden, die dann Bekämpfungsmaßnahmen mit biologischen und chemischen Mitteln in Gang setzen. Dabei weisen die Raupen auf einen Missstand hin: Reine Eichenwälder sind unnatürlich – diese Baumart kam immer nur in gewissen Anteilen gemischt mit anderen Laubbaumarten vor. In solchen Wäldern hätte der Prozessionsspinner keine Chance auf eine Massenvermehrung.

Merkmale:
Flügel grau mit zwei dunklen Querstreifen, Spannweite um 30 mm. Dunkle Raupen in Gruppen oder in Kolonnen auftretend, weiß behaart, später in großen Gespinstklumpen.

▲ Der Kleine Frostspanner befällt auch Obstbäume.

◀ Die Raupen spinnen feine Fäden zwischen den Blättern.

Kleiner Frostspanner

Operophtera brumata | Spanner

Merkmale:
Männchen mit graubraunen Flügeln, breit quer gestreift, Spannweite bis 25 mm, Weibchen ähnlich gefärbt, jedoch nur Stummelflügel.

Beim Kleinen Frostspanner zeigen nur die Männchen die Fähigkeit zu fliegen. Die Weibchen besitzen nur Flügelstummel, die keine Funktion mehr haben. Daher können sie nur laufen bzw. klettern, und zwar die Stämme hinauf. Hier paaren sie sich und legen anschließend Eier in Rindennischen oder an Knospen von Laubbäumen. Die Raupen schlüpfen im Frühjahr und beginnen, die austreibenden Blätter zu fressen. Je nach Befall kann dies bis zum Kahlfraß der Bäume führen. Obwohl die Weibchen nicht fliegen können, breiten sich Frostspanner in weitem Umkreis aus. Dazu spinnen die jungen Raupen Fäden und lassen sich mit ihrer Hilfe durch die Lüfte tragen, ähnlich wie Jungspinnen im Altweibersommer. Die erwachsenen Schmetterlinge, die im Herbst bei Frost schlüpfen, leben nur ein paar Tage, um sich fortzupflanzen.

▲ Gespinstmottenraupen leben gesellig.

▶ Die Raupen fressen ganze Strauchgruppen kahl, die dann aber wieder austreiben.

Gespinstmotten

Yponomeutidae | Gespinstmotten

Gespinstmotten sind gesellige Wesen. Ihre Raupen überwintern in Knospen von Laubgehölzen und beginnen im Frühjahr, gemeinsam große Gespinste zu weben. Bei starkem Befall überziehen diese manchmal ganze Sträucher und Bäume. Vögeln und sonstigen Fressfeinden wird so der Zugriff erschwert, und die Raupen können in Seelenruhe ein Blatt nach dem anderen vertilgen, bis alles verzehrt ist. Im Spätfrühling verwandeln sie sich in Falter und fliegen nachts auf der Suche nach einem Partner umher. Die verschiedenen Arten der Gespinstmotten sind auf bestimmte Pflanzengattungen spezialisiert. So ist die Pflaumen-Gespinstmotte (*Yponomeuta padella*) meist an Schlehen und Weißdorn, aber auch an Pflaumen und Kirschen zu finden, da diese miteinander verwandt sind.

Merkmale:
Große Gespinste, die oft ganze Sträucher und Bäume überziehen. Befall endet im Spätfrühling bzw. Frühsommer.

▲ **Die Baldachinspinne ist klein und eher unauffällig.**

◄ **Das zweigeteilte Netz mit dichtem Boden und Stolperfäden.**

Baldachinspinne

Linyphia triangularis | Baldachinspinnen

Merkmale:
Körper braun mit weißen Mustern, Weibchen mit deutlichem dunklen Band über den Hinterleib. Typische Netzform mit dichtem Boden und darüber unregelmäßigen Stolperfäden.

Die Baldachinspinne ist die typische Herbstspinne, zumindest aus Sicht des Waldbesuchers. Im Morgentau überziehenTausende Gespinste die bodennahe Vegetation. Darunter lauern die Spinnen auf Opfer. Dazu ist das Netz zweigeteilt aufgebaut. Der Unterbau besteht aus einer Art Boden, der dicht gewoben ist. Auf der Unterseite sitzt die Spinne mit dem Bauch nach oben und wartet. Darüber ziehen sich kreuz und quer Stolperfäden. Sobald ein Insekt sich in diesen verheddert, beginnt die Baldachinspinne wie wild zu rütteln, bis das Opfer auf den Netzboden fällt. Dort packt es die Spinne und macht sich unverzüglich daran, es auszusaugen. In Bezug auf den Lebensraum ist sie nicht wählerisch – es können alle Wälder und sogar Offenland in ganz Europa sein.

▲ Die Gartenkreuzspinne ist harmlos, macht manchen aber wegen ihrer Größe Angst.

► Die Vierfleckkreuzspinne sitzt nicht in der Netzmitte und ist anders gezeichnet.

Gartenkreuzspinne

Araneus diadematus | Radnetzspinnen

Die Gartenkreuzspinne gilt als gefährlich, denn ihr Biss soll giftig und schmerzhaft sein. Weil sie eine der größten heimischen Spinnen ist und auch einen besonders großen Hinterleib hat, glauben wir solche Schauergeschichten gerne. Dabei vermag sie, wenn sie es denn machen würde, die menschliche Haut kaum zu durchdringen, und selbst wenn, wäre es weniger zu spüren als ein einzelnes Brennhaar der Brennnessel. Die Gartenkreuzspinne spinnt ihr Netz in Radform, die Speichen gleichmäßig verbunden durch Querfäden. Hier sitzt sie kopfüber auf der wenig klebrigen Rückseite und hält mit ihren Vorderbeinen zwei Signalfäden, mit denen sie Beute im Netz erspürt. Bei der Paarung ist sie grausam: Das Männchen landet nach getaner Arbeit meist als Nachtisch in ihrem Magen.

Merkmale:
Körper braun-grau gemustert, auf dem Hinterleib ein gestricheltes Kreuz. Körperlänge bis 18 mm (ohne Beine). Verwechslungsgefahr mit der Vierfleckkreuzspinne (*Araneus quadratus*), diese jedoch mit doppelten Querbalken im Rückenkreuz.

▲ Ohne Netz und doppelten Boden: die Wolfsspinne.

◄ Zebra-Springspinnen erbeuten ihre Opfer durch einen Sprung.

Wolfsspinnen

Lycosidae | Wolfsspinnen

Merkmale:
Körper der meisten Arten braun, Körpergröße um 12 mm. Verwechslungsmöglichkeit mit Springspinnen (*Salticidae*), diese jedoch meist kleiner und kräftiger gefärbt, z. B. mit Zebramuster. Springspinnen heben oft den Kopf zum Betrachter.

Die Wolfsspinnen sind Fußgänger, denn sie jagen ohne Netz. Das heißt nicht, dass sie nicht spinnen könnten, doch ihre Fäden nutzen sie lieber für das Auspolstern von Wohnröhren, die sie sich in der Erde oder zwischen Steinen anlegen. Speziell an heißen Sommertagen ist es eine Freude, diesen kleinen Jägern zuzuschauen. Jetzt sind sie auf Betriebstemperatur und fangen Fliegen und andere Insekten. Wolfsspinnen kümmern sich liebevoll um ihren Nachwuchs. Der Kokon mit den Eiern wird an den Hinterleib geheftet und durch die Gegend geschleppt, um ihn ständig beschützen zu können. Die geschlüpften Jungspinnen klettern sofort auf den Rücken ihrer Mutter, um sicher durch die Natur zu reiten.

▲ **Holzböcke sofort aus der Haut ziehen, ohne sie zu zerquetschen.**

Gemeiner Holzbock

Ixodes ricinus | Schildzecken

Der Gemeine Holzbock, auch Zecke genannt, ist der Schrecken der Waldbesucher. Das Tier lauert an Wildwechseln auf Rehe, Hirsche oder Wildschweine, um sich von ihnen abstreifen zu lassen und sich dann in deren Haut einzubohren. Hier wird Blut getankt, bevor sich der Holzbock prallvoll wieder fallen lässt. Bis zu 1 Jahr lang kann er auf den nächsten Wirt warten. Nach der dritten Mahlzeit und der letzten Häutung schließen sich die Paarung und die Ablage von 2000 Eiern an. Danach stirbt das Weibchen. Der Mensch tritt als Fehlwirt auf, ist also nicht vorgesehen und wird dennoch gestochen. Dabei kann der Holzbock mit seinem Speichel Krankheiten übertragen: zum einen Erreger einer Hirnhautentzündung (FSME), zum anderen eine Bakterieninfektion, die Borreliose. Letzte Sicherheit schafft nach einem Biss nur ein Bluttest beim Arzt.

Merkmale:
Jungtiere rein schwarz, um 1 mm groß, ausgewachsene Tiere haben einen schwarzen Schild und rotbraunen Hinterleib, leer um 3 mm, vollgesaugt über 10 mm.

▲ Bitte nicht essen: Weinbergschnecken stehen unter Schutz.

Weinbergschnecke

Helix pomatia | Schnirkelschnecken

Merkmale:
Gehäuse braun-grau, bis 5 cm im Durchmesser, Schneckenkörper heller als das Gehäuse bei ähnlicher Farbe und bis 10 cm lang.

Die Weinbergschnecke ist unsere größte landlebende Gehäuseschnecke. Sie lebt gerne in Laubwäldern, aber auch in Gebüschen und Gärten. Ihr Gehäuse ist aus Kalk, daher liebt sie kalkhaltigen Boden, weil ihre Hülle dort dickwandiger wird. Normalerweise ist ihr Haus rechts herumgedreht – bei einer von etlichen Tausend laufen die Windungen jedoch links herum. Solche seltenen Exemplare nennen wir Schneckenkönigin. Bei großer Trockenheit bildet sie einen Deckel, mit dem sie ihr Gehäuse verschließt, damit sie nicht verdurstet. Weinbergschnecken sind essbar; im deutschsprachigen Raum ist das Sammeln jedoch verboten. Daher stammen die Tiere in Restaurants aus Zuchten. In Gefangenschaft können sie bis zu 30 Jahre alt werden.

▲ Der Schwarze Schnegel ist nicht immer so schwarz, es gibt auch hellere Varianten.

Schwarzer Schnegel

Limax cinereoniger | Schnegel

Der Schwarze Schnegel ist die größte heimische Nacktschneckenart. Er ist allerdings nicht oft zu sehen, denn er ist überwiegend nachtaktiv. Seine Heimat sind naturbelassene Wälder. Dort ernährt er sich von abgestorbenen Pflanzen, Algen und Pilzen. Tagsüber versteckt er sich in oder unter toten Baumstämmen. Der Schwarze Schnegel ist selten geworden, weil ihm in bewirtschafteten Wäldern die Lebensgrundlage vielfach fehlt. Daher kann sein Auftreten als Qualitätssiegel für ökologisch gut geführte Forstbetriebe gewertet werden, und zwar überall in Europa, denn der Schwarze Schnegel ist vom Tiefland bis in die Hochlagen oberhalb von 2000 m zu finden.

Merkmale:
Grundfarbe Schwarz, Rücken meist heller mit gepunkteten oder gestrichelten Linien, zudem deutlicher Kiel (Rückenkamm). Körperlänge manchmal über 20 cm, Körperform schlank. Verwechslungsmöglichkeit mit der Schwarzen Wegschnecke (*Arion ater*), diese jedoch ohne Rückenkiel, Körper breiter.

▲ Vom Plagegeist zur Rarität: die Rote Wegschnecke.

◄ Die Spanische Wegschnecke verdrängt ihre rote Schwester.

Rote Wegschnecke

Arion rufus | Wegschnecken

Merkmale:
Körper einfarbig braun bis kräftig orange, Körperlänge bis 15 cm, hinterer Körperteil gefurcht (wie Eichenrinde). Verwechslungsmöglichkeit mit Spanischer Wegschnecke, diese jedoch bräunlicher.

Die Rote Wegschnecke ist der Schrecken der Gärtner – oder war es, denn das auffällige Tier mit dem großen Appetit auf Grünzeug wurde größtenteils von der Spanischen Wegschnecke (*Arion vulgaris*) verdrängt. Diese stammt übrigens nicht aus Spanien, sondern aus Südfrankreich. Ihr Schleim ist bitter, sodass sie weniger durch Fressfeinde gefährdet ist. Zudem kann sie Trockenphasen besser überstehen als ihre rote Schwester. Weil beide Arten nicht immer typisch gefärbt sind, sondern manchmal zwischen Braun und Orange variieren, werden sie leicht verwechselt. Die Rote Wegschnecke ist durch ihre Konkurrentin überwiegend in Wälder zurückgedrängt worden und auch dort eher selten zu finden.

▲ Schließmundschnecken brauchen sehr viel Totholz.

Schließmundschnecken

Clausiliidae | Schließmundschnecken

Schließmundschnecken sind empfindliche Waldbewohner, die sehr viel Totholz brauchen. Nicht zur Ernährung – ihre Weidegänge über Algen- und Moosrasen können sie auch an lebenden Stämmen machen. Was Totholz für sie so wertvoll macht, ist das Kalzium. Unter dem vermodernden Holz ist davon wesentlich mehr zu finden als auf dem übrigen Boden. Das Element wird dringend gebraucht, um daraus die filigran gedrehten Türmchen zu bilden. Während in einem durchschnittlichen Wirtschaftswald weniger als 1000 m^3 Totholz pro km^2 zu finden sind, liegt der Wohlfühlwert für Schnecken bei über 5000 m^3. Neben Schließmundschnecken sind noch mehr als 100 weitere Schneckenarten auf solche Bedingungen angewiesen – kein Wunder, dass deren Artenzahl in vielen Gebieten stark zurückgegangen ist.

Merkmale:
Langes, schmales Gehäusetürmchen, eng gewunden, um 20 mm lang. Gehäuse wird bei Trockenheit mit Kalkplättchen verschlossen.

▲ Der Gemeine oder Fichten-Steinpilz ist der Star unter den Speisepilzen.

◂ Der Sommersteinpilz hat einen helleren, samtigeren Hut.

Gemeiner Steinpilz

Boletus edulis | Dickröhrlinge

Merkmale:
Hut ausgewachsen braun, unterseits mit weiß-gelblichen Röhren (im Alter grün), Stiel teilweise sehr dick, weiß bis bräunlich gefärbt, mit erhabenem Netzmuster. Fleisch des Hutes verfärbt sich bei Druck nicht. Verwechslungsmöglichkeit mit Sommersteinpilz (*Boletus aestivalis*), ebenfalls essbar.

Der Gemeine Steinpilz ist *der* Speisepilz schlechthin: gut zu erkennen und kaum zu verwechseln, sehr schmackhaft und in der Küche vielseitig verwendbar. Der Gemeine Steinpilz lebt meist mit der Fichte zusammen, während andere Steinpilzarten (ebenfalls essbar) eher Buchen und Eichen bevorzugen, mit denen sie in Symbiose leben. Das feine Pilzgeflecht umspinnt die Wurzelspitzen und vergrößert so die effektive Oberfläche, mit der der Baum Wasser und Mineralien ansaugen kann. Im Gegenzug erhält der Pilz Fotosyntheseprodukte zur Ernährung – so machen es viele Pilzarten.

▲ Pfui Teufel – der Gallenröhrling macht geschmacklich seinem Namen alle Ehre.

Gemeiner Gallenröhrling

Tylopilus felleus | Dickröhrlingsverwandte

Beim Gallenröhrling ist der Name Programm: Er ist bitter wie Galle, und eine Geschmacksprobe des rohen Pilzes entlarvt ihn sofort. Dazu reicht es, an der Haut des Hutes zu lecken, und schon ist in vielen Fällen der Übeltäter identifiziert. Er ist zwar nicht giftig, aber aufgrund seines Geschmacks ungenießbar. Nur selten gibt es Exemplare, denen die Bitterstoffe weitgehend fehlen. Verzehren wir diese mit, ist das gesundheitlich unbedenklich. Sein Lebensraum sind zwar Nadelwälder, dennoch kann der Gallenröhrling auch in Laubwäldern gefunden und dann leicht mit dem Steinpilz verwechselt werden. Daher ist vor Mitnahme eine Leckprobe anzuraten, denn ein einziger Pilz kann eine ganze Mahlzeit ruinieren.

Merkmale:
Sieht dem Steinpilz sehr ähnlich. Druckstellen verfärben rostbraun. Stiel mit dunklem Netzmuster. Hauptunterschied sind die weißen, im Alter leicht rötlich braunen Röhren und vor allem der bittere Geschmack.

▲ **Roter Stiel – Finger weg! So bleibt der seltene Satansröhrling erhalten.**

Satansröhrling

Boletus satanas | Dickröhrlingsverwandte

Merkmale:
Hut ähnlich dem Steinpilz (bräunlich, Röhren jung hellgelb, später über grünlich rot nach ganz rot). Stiel deutlich rot (im Alter immer dunkler werdend). Der ähnliche Schönfußröhrling ist am oberen Stielbereich gelb.

Der Satansröhrling ist ein echter Satansbraten: Er kann bei Genuss heftige Beschwerden im Verdauungstrakt auslösen. Zum Glück ist er wegen seines roten Stieles kaum mit dem Steinpilz zu verwechseln und kommt zudem nur in wenigen Wäldern (lichte Laubwälder auf Kalkböden) vor. In den letzten Jahrzehnten ist er aufgrund der forstwirtschaftlichen Nutzung der Wälder immer seltener geworden. Deswegen ist er auf der Roten Liste der gefährdeten Arten aufgeführt. Der Satansröhrling kann leicht mit anderen Verwandten verwechselt werden, etwa dem Schönfußröhrling (*Boletus calopus*). Da dieser ebenfalls giftig ist, sollten Sie in jedem Fall die Finger von den rotstieligen Pilzen lassen.

▲ Im Maronenröhrling sind noch heute Spuren von Tschernobyl zu finden.

Maronenröhrling

Xerocomus badius | Dickröhrlingsverwandte

Der Maronenröhrling ist 1986 zusammen mit der Reaktorkatastrophe von Tschernobyl in die Schlagzeilen geraten. Damals wurde radioaktives Cäsium 137 frei und rieselte über weite Teile Europas herunter. Da es eine Halbwertszeit von rund 30 Jahren hat, ist es noch heute in vielen Waldböden vorhanden. Der Maronenröhrling ist einer der wenigen Pilze, die Cäsium in nennenswertem Umfang aufnehmen. Prompt wurde vom Verzehr dieses beliebten Speisepilzes abgeraten – zunächst zu Recht. Doch zum einen sind nur einige Regionen bis heute mit dem radioaktiven Element belastet, zum anderen baut es der Pilz überwiegend in seine Huthaut ein, um sie braun zu färben. Daher genügt es, sicherheitshalber diese abzuziehen und zu entsorgen.

Merkmale:
Röhren jung gelbgrün, später dunkler und olivgrün, Druckstellen kräftig blaugrün anlaufend. Stiel gleichmäßig, hellbraun, ohne Netz. Verwechslungsmöglichkeit mit der Ziegenlippe (*Xerocomus subtomentosus*), ebenfalls essbar, diese jedoch dottergelbe Röhren mit größerem Durchmesser.

▲ **Der Birkenpilz ähnelt seinem Baumpartner Birke.**

Birkenpilz

Leccinum scabrum | Dickröhrlingsverwandte

Merkmale:
Hut braun, Röhren weiß, älter weiß-grau. Stiel weiß mit dunklen Schuppen (birkenähnlich). Verwechslungsmöglichkeit mit anderen Birkenpilzarten, wie etwa der Birkenrotkappe (*Leccinum versipelle*), diese ebenfalls essbar.

Der Birkenpilz zeigt schon im Namen, mit wem er verheiratet ist. Die Beziehung zwischen ihm und seinem Baumpartner scheint so innig, dass sein Stiel der Farbe eines Birkenstammes ähnelt. Er ist ein guter Speisepilz und profitiert von der modernen Forstwirtschaft. Die Birke war einst in unseren Urwäldern kaum zu finden, aber durch Plantagenwirtschaft und Kahlschläge kann sie heute als Pionierbaumart überall Fuß fassen. Wo sie wächst, ist ihr Partner, der Birkenpilz nicht weit. Das ist auch eine Absicherung bei der Bestimmung. In der Pfanne verwandeln sich die leckeren Hüte oft in eine schleimige Masse, weshalb diese Pilzart besser mit anderen gemischt werden sollte. Stiele älterer Exemplare werden sehr holzig.

▲ **Der Pfifferling hat keine Lamellen, sondern am Stiel herablaufende Leisten.**

▶ **Der falsche Pfifferling hat Lamellen und einen dünneren Stiel.**

Echter Pfifferling

Cantharellus cibarius | Pfifferlinge

Der Echte Pfifferling, im Alpenraum auch Eierschwamm genannt, ist bei Pilzsammlern neben dem Steinpilz sehr beliebt. Sein riesiges Verbreitungsgebiet, das über mehrere Kontinente reicht, und seine Anspruchslosigkeit in Bezug auf seinen Baumpartner tragen dazu bei, dass er grundsätzlich fast überall gefunden werden kann. Ob Eiche oder Buche, Fichte oder Kiefer – stimmt die Bodenchemie, so ist der gelbe Zwerg nicht fern. So war es zumindest einmal. Denn die moderne Forstwirtschaft mit ihrem schweren Gerät, das die Böden zerdrückt, behagt ihm gar nicht. Kommen noch Stickstoffeinträge aus Landwirtschaft und Verkehr oder andere Luftschadstoffe hinzu, so zieht er sich aus den Wäldern zurück.

Merkmale:
Leuchtend gelb gefärbt, jung mit Hut, älter mit Trichter. Leisten laufen bis zum dicken Stiel hinab. Schmeckt roh nach Pfeffer, riecht leicht nach Aprikosen. Verwechslungsmöglichkeit mit dem Falschen Pfifferling (*Hygrophoropsis aurantiaca*), dieser jedoch mehr orange gefärbt und mit dünnerem Stiel.

▲ **Die weißen Punkte stammen von der zerrissenen Jugendhülle.**

Fliegenpilz

Amanita muscaria | Wulstlinge

Merkmale:
Hut rot mit weißen Schuppen, die sich lösen können. Ältere Pilze daher manchmal komplett rot. Stiel weiß, oben mit einem Ring. Verwechslungsmöglichkeit mit dem essbaren Kaiserling (*Amanita caesarea*), dieser jedoch ohne weiße Punkte und nicht rot, sondern orange.

Der Fliegenpilz ist der PR-Star unter allen Arten: Kein anderer wird so oft abgebildet, ziert Glückwunschkarten oder taucht als Plastiknachbau für das Wohnzimmerregal auf. Dabei ist er gar nicht essbar, sieht aber unverwechselbar hübsch aus mit seinem roten Hut und den weißen Punkten – quasi wie ein Pilz-Marienkäfer. Am liebsten tut er sich mit Birken zusammen, ist jedoch auch unter anderen Bäumen zu finden. Die Gifte des Fliegenpilzes wurden früher von Völkern der gesamten Nordhalbkugel genutzt, da sie Halluzinationen hervorrufen können. Um an diesem Rauschmittel zu sterben, müssten wir zwar etliche Pilze essen, doch schon der regelmäßige Konsum kann innere Organe schwer schädigen.

▲ Hallimasche bilden Stränge unter der Baumrinde und töten ihren Wirt.

Hallimasch

Armillaria mellea | Ritterlingsartige

Die 7 heimischen Hallimascharten, nur schwer voneinander zu unterscheiden, sind keine Baumfreunde. Ganz im Gegenteil: Mit ihrem Myzel, den unterirdischen weißen Ausläufern, dringen sie in die Wurzeln von Fichten, Buchen, Eichen und anderen Baumarten ein. Anschließend wachsen sie unter der Rinde nach oben und zeigen fächerartige weiße Gebilde. Ihr geraubtes Gut, zunächst vorwiegend Zucker und Nährstoffe aus dem Kambium (der innersten Rindenschicht), wird in dicken Strängen abtransportiert. Diese wurzelartigen schwarzen Leitungen stellen eine Besonderheit im Reich der Pilze dar. Mit den süßen Stoffen begnügen sich Hallimasche aber nicht, denn im weiteren Verlauf fressen sie auch Holz und lassen ihren Wirtsbaum damit verfaulen. Am Ende der Entwicklung stirbt dieser schließlich ab.

Merkmale:
Gelbliche oder braune Hüte mit Schuppen, unterseits Lamellen. Stiel weiß-braun verlaufend, mit einem Ring, ebenfalls geschuppt. Pilze in Büscheln auftretend. Unter der Rinde von Bäumen dicke, schwarze Stränge. Nur eingeschränkt genießbar.

▲ Die Stinkmorchel lockt zur Verbreitung ihrer Sporen Fliegen an.

◄ Stinken noch nicht und sind essbar: Hexeneier.

Gemeine Stinkmorchel

Phallus impudicus | Stinkmorchelverwandte

Merkmale:
Jung weiß, rund, hühnereigroß, älter weißer Stiel mit olivgrünem Hut, genetzt und gelöchert, intensiver Verwesungsgeruch. Höhe um 20 cm.

Die Stinkmorchel hat im ausgewachsenen Zustand eine nicht ganz jugendfreie Form, der sie ihren lateinischen Namen verdankt. Ebenso merkwürdig ist das Aussehen des jungen Fruchtkörpers: Er heißt im Volksmund „Hexenei", ist so groß wie ein Hühnerei und essbar. Allerdings sollte man vorher den glibberigen äußeren Teil entfernen, der ähnlich dem Hühnereiweiß unter der dünnen, weißen Außenhaut sitzt. Einige Tage später entsprießt dem Ei der Phallus, der von einem dunkel-olivgrünen Hütchen gekrönt wird. Das Ganze stinkt schon auf viele Meter Entfernung nach Verwesung und lockt Fliegen an. Diese setzen sich auf den Pilz, nehmen Flüssigkeit auf und verbreiten so dessen Sporen.

▲ Der Rotrandige Baumschwamm richtet sich stets waagerecht aus.

Rotrandiger Baumschwamm

Fomitopsis pinicola | Baumschwammverwandte

Der Rotrandige Baumschwamm gehört zu den wenigen Arten, deren Fruchtkörper viele Jahre alt werden können. Er siedelt an verwundeten Bäumen aller Art, bevorzugt jedoch Buchen und Fichten. Hier wandert er mit seinem Gewebe ins Holz und frisst Zellulosefasern. In der Folge zerbröselt der Stamm innerlich zu braunen Würfeln und zerfällt. Außen erscheint der halbtellerförmige Fruchtkörper, aus dessen nach unten gerichteten Röhren die Sporen rieseln. Fällt der Baum um, so verschließt der Baumschwamm diese Kanäle und bildet quer zum bisherigen Fruchtkörper neue Halbteller. Der Grund: Aus den alten, nun quer liegenden Röhren können die Sporen nicht mehr herausfallen, sodass neu gebaut werden muss.

Merkmale:
Fruchtkörper halbrund, Breitseite am Holz sitzend. Farbe oberseits von rein Rötlich bis Schwarz nur mit rötlichem Rand. Unterseits Poren, diese farblich von Weiß bis hin zu Graubraun. Größe des Fruchtkörpers bis 30 cm.

▲ Unter Weiß-Tannen finden wir niemals Zapfen.

◄ Tannenzapfen stehen auf den Zweigen und zerbröseln auf ihnen.

Weiß-Tanne

Abies alba | Kieferngewächse

Merkmale:
Rinde silbergrau (im Gegensatz zur braungrauen Fichtenrinde), Nadeln weich, unterseits zwei weiße Längsstreifen. Altbäume oft mit abgeflachter „Storchennestkrone“. Zapfen zerbröseln am Ast, daher finden wir sie niemals am Boden.

Die Weiß-Tanne ist der Nadelbaum mit den besten Eigenschaften für einen gesunden Wald. Ihre Nadeln, im Gegensatz zu denen der Fichte und Kiefer kaum sauer, sind für Bodentiere ein Festschmaus und ergeben einen guten Humus. Sie wächst in den Mittelgebirgen meist zusammen mit der Rot-Buche und gilt in Fachkreisen als „Laubbaum“ unter den Nadelbäumen. Ihre tief und senkrecht in das Erdreich vordringende Hauptwurzel vermag selbst verdichtete, sauerstoffarme Böden zu durchdringen und zu regenerieren. Da die Weiß-Tanne mit trockenen Sommern gut zurechtkommt, gilt sie als heißer Kandidat für eine wärmere Zukunft. Leider werden ihre Sämlinge gerne von Rehen und Hirschen gefressen, sodass sie vielerorts selten geworden ist.

▲ Die frischen Triebe der Fichte sind essbar und reich an Vitamin C.

► Fichtenzapfen sind länglich und fallen im Ganzen vom Baum.

Gewöhnliche Fichte

Picea abies | Kieferngewächse

Die Fichte ist ein Baum der Taiga, sie mag es kühl und sehr feucht. Außerhalb des hohen Nordens kommt sie von Natur aus nur in den höchsten Lagen der Mittelgebirge sowie im Alpenraum vor, da hier ähnliches Klima herrscht. Wird sie in tieferen Lagen künstlich angebaut, wächst sie wegen der dort längeren Sommer zwar schneller und höher, bietet aber dadurch Stürmen eine größere Angriffsfläche. Zudem wird sie häufig auf verdichteten, ehemals landwirtschaftlich genutzten Böden angebaut, wodurch sie nur flach wurzelt und leichter umfallen kann. Das brachte ihr das Prädikat „Flachwurzler", obwohl sie sich von Natur aus sehr tief verankern könnte. Zudem führen die höheren Temperaturen an diesen Standorten zu Wassermangel. Borkenkäfer können die durstgeplagten, kranken Bäume leicht abtöten.

Merkmale:
Rinde braun, ohne tiefere Risse, Nadeln spitz und stechend, Zapfen bis 18 cm lang (und im Gegensatz zu Tannen am Boden zu finden).

▲ Wald-Kiefern haben typisch abgeflachte Kronen und oben am Stamm orangefarbene Rinde.

◀ Typische Nadeln und Zapfen der Wald-Kiefer.

Wald-Kiefer

Pinus sylvestris | Kieferngewächse

Merkmale:
Rinde unten am Stamm grau-braun, rissig, oben am Stamm glatt, orange. Nadeln spitz, stechend, leicht gedreht und paarweise in einem Trieb, Zapfen um 5 cm lang. Verwechslungsmöglichkeit mit der Schwarz-Kiefer (*Pinus nigra*), deren Rinde ist jedoch auch oben schwarz.

Die Wald-Kiefer stammt wie ihre Kollegin, die Fichte, aus dem hohen Norden. Bei uns kann sie sich von Natur aus nur auf Extremstandorten, wie etwa trockenen Binnenlanddünen, halten, da dort Eichen und Buchen aufgeben müssen. Vor allem im Norden und Osten Deutschlands wurde sie auf riesigen Flächen angebaut. Das Holz wird in der Regel deutlich schlechter bezahlt als bei anderen Nadelbäumen. Neben der Waldbrandgefahr haben Schmetterlinge die Nadeln zum Fressen gerne, was weitere wirtschaftliche Rückschläge verursacht. Nur Rehe und Hirsche mögen das stechende Grün nicht, weshalb Kiefernpflanzungen bei hohen Wildbeständen oft der letzte Ausweg sind, um überhaupt noch Wald erhalten zu können.

▲ Lärchen treiben im Frühjahr frischgrüne neue Nadeln aus.

► Zapfen und längere Nadeln der Japanischen Lärche.

Europäische Lärche

Larix decidua | Kieferngewächse

Die Europäische Lärche ist wie die Fichte ein Kind der Berge und der Taiga. Beim Anbau in tieferen Lagen entstehen die üblichen Probleme durch Stürme und Borkenkäferbefall. Seit der Einführung der Japanischen Lärche (*Larix kaempferi*) ist unsere Lärche gefährdet, denn beide kreuzen sich über den Pollenflug, bilden Mischlinge und lassen langsam die ursprüngliche heimische Art verschwinden. Der Anbau in Tieflagen ist auch sonst prinzipiell nicht sinnvoll, denn häufig wachsen die Bäume säbelförmig krumm. Die wenigen geraden Stämme, die für später Nutzholz versprechen, erkranken dann oft an Lärchenkrebs, einem Holz zerstörenden Pilz, der zu nässenden Wunden führt. Lärchen sind in der kalten Jahreszeit besonders gut zu identifizieren, denn sie verlieren im Herbst ihre Nadeln.

Merkmale:
Raue Borke, junge Zweige gelblich. Wirft im Herbst die weichen Nadeln ab, welche in Büscheln wachsen. Zapfenschuppen anliegend. Die Japanische Lärche weist rötliche Jahrestriebe auf; bei den Zapfen sind die Schuppen aufgerollt und sehen von oben betrachtet aus wie eine Rose.

▲ Zwischen Förstern und Naturschützern umstritten: die Neubürgerin Douglasie.

◀ Die ältere Borke ist typisch rissig.

Douglasie

Pseudotsuga menziesii | Kieferngewächse

Merkmale:
Rinde jung grau mit Harzbeulen, älter braun-grau und tief rissig. Nadeln grün mit Blaustich, weich, zerrieben nach Orangeat duftend. Zapfen mit dreizipfeligen, herausragenden Deckschuppen.

Die Douglasie stammt aus dem Westen Nordamerikas und wird seit etwa 100 Jahren in Mitteleuropa angebaut. Ihr Wuchs ist imposant und kann in der Höhe Mammutbäume übertreffen. Das Holz ist, ähnlich dem der Eiche, von Natur aus gegen Pilzbefall geschützt und wird daher gerne im Außenbereich verwendet. Da sie mit etwas weniger Wasser auskommt als die Fichte, galt sie als Ersatzkandidat für diese in Sachen Klimawandel. Heute weiß man, dass ihre Wärmetoleranz und Sturmfestigkeit überschätzt wurde. Für das Ökosystem Wald ist die Neubürgerin eine Katastrophe: Unsere heimischen Tierarten können kaum etwas mit ihr anfangen, sodass nur wenige Allroundtalente unter den Käfern und Pilzen in solchen Plantagen zurechtkommen.

▲ Typische weiche, dunkelgrüne Nadeln und rote Samenhüllen.

► Eiben kommen mittlerweile hauptsächlich in Gärten vor – hier ein uraltes Exemplar.

Europäische Eibe

Taxus baccata | Eiben

Die Eibe ist ein Schattenkünstler, und das musste sie früher auch sein: Da sie kaum höher als 15 m wird, stand sie in den Urwäldern unter Eichen und Buchen und vermochte nur das bisschen Licht zu nutzen, das die Riesen ihr übrig ließen. Ihr Holz ist zäh und biegsam, und das wurde ihr zum Verhängnis. Man konnte daraus Langbogen herstellen, deren Pfeile Ritterrüstungen durchschlugen. Solche Waffen wurden zu Hunderttausenden gefertigt, Eiben aus allen Winkeln der Wälder geschlagen und exportiert. Zudem sind die Bäume extrem giftig, weshalb Bauern sie zum Schutz ihres Viehs überall beseitigten. Wälder mit Eiben im Unterstand sind sehr selten geworden, doch noch gibt es einige, wie etwa den Paterzeller Eibenwald in Oberbayern.

Merkmale:
Rinde braun mit rötlichen, grünlichen und grauen Partien, bastartig abschuppend. Stamm oft gedreht, tief gefurcht und wie aus mehreren Exemplaren zusammengesetzt wirkend.
Nadeln oberseits dunkel-, unterseits hellgrün.
Samen in leuchtend roter fleischiger Samenhülle.

▲ Die Rot-Buche ist auch im Winter gut an ihrer glatten, hellgrauen Rinde zu erkennen.

◀ Bucheckern sind Kraftpakete. Sie enthalten rund 40 % Öl.

Rot-Buche

Fagus sylvatica | Buchengewächse

Merkmale:
Hellgraue, glatte Rinde, Blätter am Rand leicht gewellt, ansonsten fast glatt, alle 3 bis 5 Jahre reich fruchtend. Früchte: Bucheckern, wie kantige, längliche Nüsschen geformt.

Die Buche bildete einst den größten Teil der Urwälder Mitteleuropas. Sie gilt als „Mutter des Waldes", da sie mit ihrer Laubstreu besten Humus erzeugt und durch ihr schattiges Blätterdach temperaturausgleichend wirkt. So kann es an einem heißen Sommertag im Buchenwald 10 °C kühler sein als in einer Kiefernplantage. Ab einem Alter von 200 Jahren werden die Bäume aus Sicht des Naturschutzes besonders interessant: Durch Spechte, aber auch Pilz- und Insektenbefall bilden sich sogenannte Großhöhlen. In ihnen siedeln sich für die zweite Lebenshälfte der Rot-Buchen viele Tiere und Pflanzen an, von denen etliche auf der Roten Liste stehen, denn solche Altwälder nehmen leider nur noch rund 3 Promille unserer Wälder ein.

▲ Die Trauben-Eiche wächst überall dort, wo es der Rotbuche zu trocken ist.

▶ Die langen Stiele der Eicheln weisen auf die Stiel-Eiche hin.

Trauben-Eiche

Quercus petraea | Buchengewächse

Die Eiche war von Natur aus eine Begleiterin der Buchenurwälder und kam dort höchstens in kleinen Gruppen vor. Lediglich in Ostdeutschland sowie auf den trockenen Südhängen von Flusstälern bestimmte sie das Landschaftsbild. Heutige Eichenwälder, wie etwa im Spessart, sind Kunstprodukte der Forstwirtschaft. In der Vergangenheit wurde der Baum gefördert, weil seine Früchte, die Eicheln, zur herbstlichen Schweinemast verwendet wurden. Daher sprechen wir bis heute bei starkem Fruchtbehang von einem Mastjahr. Neben der Trauben-Eiche gibt es noch die Stiel-Eiche (*Quercus robur*). Beide mischen sich und sind nach Ansicht einiger Wissenschaftler nur zwei Rassen einer Art. Auch die berühmten tausendjährigen Eichen sind oft nur ein Wunschgebilde von Touristikmanagern, denn mit rund 500 Jahren ist für diese Baumart in der Regel Schluss.

Merkmale:
Rinde rissig, graubraun. Blätter gelappt. Früchte (Eicheln) sitzen an kurzen Stielen (Trauben-Eiche) oder an langen (Stiel-Eiche).

▲ **Problematischer Laubbaum: die Rot-Eiche.**

◄ **Namensgebend ist die rote Laubfärbung im Herbst.**

Rot-Eiche

Quercus rubra | Buchengewächse

Merkmale:
Rinde am jungen Stamm grau, glatt, später etwas rauer, aber nicht so zerfurcht wie bei Trauben- oder Stiel-Eiche. Blätter viel größer als bei diesen und zudem an den Zipfeln spitz.

Die Rot-Eiche ist eine importierte Baumart, deren ursprüngliche Heimat das östliche Nordamerika ist. Ihre Blätter verfärben sich im Herbst feuerrot, weshalb sie gerne in Parks gepflanzt wird. Auch in Wäldern ist sie immer häufiger anzutreffen, da sie schneller wächst als heimische Eichenarten und so höheren Profit verspricht. Allerdings kann die hiesige Tierwelt wenig mit dem Neuzugang anfangen, und leider breitet sich die Rot-Eiche auch ohne menschliche Hilfe immer weiter aus. Ökologisch geführte Forstbetriebe nehmen daher Abstand vom Anbau dieser Art, auch weil sich herausgestellt hat, dass ihr Holz weniger wert ist als das unserer heimischen Eichen.

▲ Wie viele Eschen den Pilzbefall überleben werden, ist ungewiss.

► Typische pechschwarze Knospen der Esche.

Gewöhnliche Esche

Fraxinus excelsior | Ölbaumgewächse

Für die Esche sieht es derzeit nicht gut aus: Das „Ohlenhard“ (*Hymenoscyphus pseudoalbidus*), ein neu auftretender Pilz, bringt den imposanten Baum Stück für Stück um. Erst trifft es die Blätter, dann die Zweige, schließlich stirbt der Stamm ab. Einige Exemplare überleben jedoch immer, sodass Hoffnung besteht, dass sich resistente Eschen ausbreiten. Eschen stehen gerne auf feuchtem, aber nicht nassem Boden und treten oft zusammen mit dem Berg-Ahorn auf. Damit sie im Frühjahr rascher austreiben kann, hat die Esche eine besondere Strategie entwickelt: Ihre Knospen sind schwarz gefärbt, um sich im Sonnenschein schnell aufzuheizen. Das Holz der Esche wird wegen seiner Zähigkeit gerne zu Werkzeugstielen verarbeitet.

Merkmale:
Rinde jung grün-grau und glatt, später borkig rau, aber feiner gefurcht als bei der Eiche. Blätter gefiedert und insgesamt bis zu 40 cm lang. Die Knospen sind schwarz und kantig.

▲ **Die Winter-Linde wird gut mit dem Klimawandel zurechtkommen.**

◄ **Blühende Sommer-Linde: Die Blüten ergeben einen guten Erkältungstee.**

Winter-Linde

Tilia cordata | Lindengewächse

Merkmale:
Rinde jung glatt und grau, später rissig. Blätter schief-herzförmig, 6 cm groß, Blattnerven unterseits mit kleinen, orangefarbenen Haarbüscheln. Sommer-Linde mit weißen Haarbüscheln und größeren Blättern (oberseits behaart).

Die Winter-Linde mag es gerne etwas wärmer und kommt daher bevorzugt in hellen Eichenwäldern vor. In diesen Arealen wird sie auch forstwirtschaftlich angebaut. Da sie sehr viel Schatten erträgt, kann sie unter den mächtigen Eichen bestehen. In Dörfern ist sie dagegen seltener zu finden, denn hier dominiert ihre größere Schwester, die Sommer-Linde (*Tilia platyphyllos*). Sie ist auch der typische Gerichts- und Tanzbaum. Beide Arten können (im Gegensatz zu den meisten Eichen) tatsächlich 1000 Jahre alt werden. Lindenblüten enthalten einen sehr zuckerreichen Nektar und sind deshalb eine wichtige Bienenweide. Das Holz ist vergleichsweise weich und wird zum Schnitzen verwendet.

▲ Wird gern von Waldtieren abgefressen und ist darum oft nur strauchfömig: die Vogelbeere.

Vogelbeere

Sorbus aucuparia | Rosengewächse

Die Vogelbeere, auch Eberesche genannt, ist ein Multitalent. Sie wächst überall in Europa, ob im Tiefland oder Gebirge, und bietet vielen Insekten- und Vogelarten Heimat und Nahrung. Forstwirtschaftlich wäre sie hoch interessant, denn ihr hartes Holz lässt sich zu wunderschönen Oberflächen von Möbeln und Wandvertäfelungen verarbeiten. Ein Kubikmeter kann mehrere Tausend Euro erzielen, ein Vielfaches des Preises anderer Baumarten. Eigentlich müssten wir sie daher in jedem Wirtschaftsforst finden, doch ihr Geschmack wird ihr zum Verhängnis: Sie steht in der Beliebtheitsskala der wilden Pflanzenfresser wie etwa dem Reh ganz oben und verkommt fast überall zu Sträuchern, obwohl sie 25 m hoch werden kann. Ihre roten Beeren sind entgegen der landläufigen Meinung essbar, wenngleich auch sehr bitter.

Merkmale:
Rinde grau mit der für Rosengewächse typischen Querbänderung, Blätter unpaarig gefiedert und bis 20 cm lang. Blüten weiß, in Rispen, später orangefarbene Beeren.

▲ **Die Spätblühende Traubenkirsche wird mit Glyphosaten bekämpft.**

Spätblühende Traubenkirsche

Prunus serotina | Rosengewächse

Merkmale:
Rinde dunkelbraun, glatt, mit der für Kirschen typischen Querriegelung (Lentizellen). Blätter länglich, Blattrand gesägt, oberseits glänzend. Blüten in weißen Trauben, Früchte schwarz. Verwechslungsmöglichkeit mit Gewöhnlicher Traubenkirsche (*Prunus padus*), deren Blätter oberseits nicht glänzend.

Die Spätblühende Traubenkirsche ist ein forstlicher Sündenbock. Sie wurde einst aus Nordamerika importiert, weil sie dort gutes Nutzholz liefert und zudem noch schön anzusehen ist. Bei uns bildet sie jedoch häufig Gebüsche, zudem unterwandert sie vor allem in Kiefernbeständen ganze Waldgebiete. Daher wird sie als aggressiver Neophyt bekämpft. In Wahrheit jedoch halten ihr die durch Fütterung überhöhten Bestände von Rehen und Hirschen die heimische Konkurrenz vom Hals, indem sie Buchen und Co. einfach auffressen. Die Spätblühende Traubenkirsche wird verschont, weil sie giftig ist.

▲ Die dünnen Zweige der Hänge-Birken hängen herunter. Die weiße Rinde erkennt man von Weitem.

► Junge Fühlingsblätter der Hänge-Birke.

Hänge-Birke

Betula pendula | Birkengewächse

Die Hänge-Birke, auch Sand-Birke genannt, kommt von Schweden bis Spanien vor und ist eine echte Pionierbaumart. Waldfreie Areale besiedelt sie als erste und wächst dort mit atemberaubendem Tempo. Im Alter von 20 Jahren können die Bäume bereits 23 m hoch sein – mehr als doppelt so hoch wie die meisten anderen Arten. Doch wenig später ist sie erschöpft und gewinnt nur noch langsam an Höhe. Damit Buchen, Fichten und Co., die sich nach Jahren einstellen, nicht einfach an ihr vorbeiziehen, peitscht sie mit ihren hängenden Ästen schon bei wenig Wind um sich. Dadurch zerschlägt sie die Kronen der Konkurrenz und verschafft sich eine Verschnaufpause, in der sie sich vermehren kann. Ihre Samen fliegen bei Sturm viele Hundert Meter durch die Luft und erschließen neue Lebensräume.

Merkmale:
Weiße Rinde, die später aufplatzt und an diesen Stellen dunkel grauschwarz wird. Blätter dreieckig und doppelt gesägt. Verwechslungsmöglichkeit mit der Moor-Birke (*Betula pubescens*), diese jedoch ohne hängende Äste und eher in Moorgebieten.

▲ **Ein Laubbaum mit Früchten wie Zapfen? Das kann nur eine Erle sein!**

◄ **Schwarz-Erlen wachsen gern nah am Wasser.**

Schwarz-Erle

Alnus glutinosa | Birkengewächse

Merkmale:
Rinde jung glatt und grün-braun, mit hellen Lentizellen, später fast schwarz und rissig. Blätter verkehrt-eiförmig, Blattrand doppelt gesägt. Fruchtstände zapfenähnlich. Verwechslungsmöglichkeit mit Grau-Erle (*Alnus incana*), diese jedoch eher strauchförmig, Rinde auch im Alter glatt mit Lentizellen.

Die Schwarz-Erle macht es wie die Erbsen und Bohnen: Sie nutzt Bakterien, die in Wurzelknöllchen gehalten werden, um Stickstoff aus der Luft zu gewinnen. Im Gegenzug erhalten die Untermieter Zucker und andere Nährstoffe geliefert. Die Schwarz-Erle ist die typische Baumart um Quellbereiche herum, auch entlang von Bachläufen und Moorrändern ist sie häufig zu finden. Daher pflanzten Förster sie in alle besonders nassen Bereiche, so etwa auch großräumig im Spreewald. Dort kam es in den letzten Jahren zu lang anhaltenden Überschwemmungen, und das Absterben ganzer Erlenwälder zeigte, dass sie so etwas überhaupt nicht mag.

▲ Zitter-Pappeln sind in Wäldern eher selten, weil ihr Holz nicht begehrt ist.

▶ Die Rinde der Zitter-Pappel mit den typischen Korkwarzen.

Zitter-Pappel

Populus tremula | Weidengewächse

Die Zitter-Pappel, auch Espe oder Aspe genannt, ist eine echte Kämpferin. Sie kann Brachflächen besiedeln und sogar starkem Fraß von Pflanzenfressern standhalten. Dazu bildet sie Wurzelbrut, sodass regelrechte Pappelgebüsche entstehen, in die niemand mehr eindringen kann. Irgendwann setzt sich in der Mitte ein Stämmchen durch und wächst ungefährdet empor. Ihr Laub ist an langen, seitlich zusammengedrückten Blattstielen aufgehängt. Schon ein kleiner Windhauch lässt die Blätter flattern, und daher stammt der Ausdruck „wie Espenlaub zittern". Zitter-Pappeln können über 30 m hoch werden. Da ihr Holz jedoch weder als Brenn- noch als Sägeholz wertvoll ist, sind ausgewachsene Bäume in den Wirtschaftswäldern selten zu finden, da sie vorher zugunsten anderer Arten gefällt werden.

Merkmale:
Rinde jung birkenähnlich, doch gelb-grünlich, mit Korkwarzen besetzt, älter dann borkig rau, Blätter buchtig gezähnt und bei Wind flatternd.

▲ Vor dem Ende? Schwarz-Pappeln drohen auszusterben.

◄ Eichenähnliche Borke einer alten Schwarz-Pappel.

Schwarz-Pappel

Populus nigra | Weidengewächse

Merkmale:
Stark borkig raue Rinde, Blätter sehr groß (bis 12 cm lang), Form sehr variabel (rautenförmig bis herzförmig), männliche Blütenkätzchen rot, weibliche entlassen weiße Samenhaare.

Die Schwarz-Pappel ist eine Auwaldbewohnerin. Wie bei der Zitter-Pappel gibt es auch bei ihr weibliche und männliche Bäume. Die Schwarzpappel wächst rasch bis zu 35 m Höhe heran und bildet dabei mächtige Stämme. Eine starke Bedrohung ist durch den Anbau von Hybrid-(Mischlings-)Pappeln entstanden. Schon vor Jahrzehnten wurde die heimische Schwarz-Pappel mit einer kanadischen Art gekreuzt und auf größerer Fläche angebaut. Über den Pollenflug vermischt sich das Erbgut mit dem der Schwarz-Pappel und rottet damit reinrassige Nachkommen nach und nach aus. Neuerdings tauchen weitere Kreuzungen auf, die in Plantagen verwendet werden. Die zerkleinerten Bäume werden in Kraftwerken zur Produktion von Ökoenergie verbrannt.

▲ Männlein und Weiblein getrennt: Die Sal-Weide ist zweihäusig.

▶ Männliche Blüten der Sal-Weide.

Sal-Weide

Salix caprea | Weidengewächse

Die Sal-Weide ist der Star des Frühjahrs: Wenn sie blüht, finden Bienen und Hummeln das erste Mal nach dem Winter wieder größere Mengen an Pollen und Nektar. Bei der Sal-Weide gibt es weibliche Bäume (grüne Kätzchenblüten) und männliche Bäume (gelbliche Kätzchenblüten). Sie ist Heimat von über 100 Schmetterlingsarten. Die behaarten Samen können viele Kilometer weit fliegen und Brachflächen erreichen, auf denen noch keine anderen Baumarten stehen. Dort kann sie bis zu 15 m hoch werden, allerdings nicht sehr alt: Schon nach wenigen Jahrzehnten brechen Sal-Weiden auseinander und teilen damit das Schicksal vieler Pionierarten. Da ihr Holz forstwirtschaftlich wertlos ist, wird sie aus den Wirtschaftswäldern systematisch verdrängt und ist nur an Wege- und Waldrändern zu finden.

Merkmale:
Rinde jung grün mit Korkwarzen, später borkig rau, ähnlich der Zitterpappel. Blätter oval, 6 cm groß und mit unterschiedlich gestaltetem Rand (je nach Ausprägung, gewellt, gebuchtet oder gezähnt).

▲ Der Berg-Ahorn mag es gerne kühl und feucht.

◀ Die namensgebenden zugespitzten Blattlappen des Spitz-Ahorns.

Berg-Ahorn

Acer pseudoplatanus | Ahorngewächse

Merkmale:
Rinde jung grau und glatt, älter leicht rissig mit rechteckigen Schuppen. Blätter mit 5 Lappen, unregelmäßig gesägt. Samen mit 5 cm langen Rotorblättern. Verwechslungsmöglichkeit mit dem Spitz-Ahorn (*Acer platanoides*), dieser jedoch mit spitzen Blattlappen.

Wo es kühler und feuchter wird, gesellt sich von Natur aus der Berg-Ahorn zu den Buchenwäldern. Er macht vieles anders als andere Urwaldbäume. Symbiose mit Bodenpilzen? Nicht nötig! Bestäubung durch Insekten? Ja, bitte! Und damit diese auch reichlich kommen, schwitzt der Berg-Ahorn zusätzlich aus Blattöffnungen Zuckerwasser aus. Die Samen werden nicht einfach fallen gelassen, sondern besitzen ein Rotorblatt, mit dem sie sich wie Hubschrauber mit dem Wind forttragen lassen. Auch für uns Menschen hält er etwas bereit: Die Blätter wirken mildernd als Pflaster bei Mückenstichen. Und nicht zuletzt lassen sich aus den unreifen, an der Basis aufgebogenen Samen „Nashörner" auf Kindernasen kleben.

▲ Ein frühes Opfer der Globalisierung: die Berg-Ulme.

► Bereits ab März erscheinen die rötlichen Blüten.

Berg-Ulme

Ulmus glabra | Ulmengewächse

Die Berg-Ulme ist zusammen mit der Feld-Ulme (*Ulmus minor*) ein frühes Opfer der Globalisierung geworden. Schon vor etwa 100 Jahren wurde aus Asien ein Schlauchpilz eingeschleppt, der es in sich hat. Wenn er auf den Bäumen Fuß gefasst hat, wächst er in den wasserleitenden Gefäßen des Holzes und verstopft diese. Dadurch kommt oben in der Krone kaum noch Wasser an, und die Blätter verdorren. Die Verbreitung findet durch zwei heimische Ulmen-Borkenkäfer statt, die Pilzsporen am Körper tragen und diese beim Einbohren in die Rinde an das Holz abgeben. Wegen dieser Erkrankung sind die meisten Ulmen in Europa bereits verschwunden, lediglich Einzelexemplare, die bisher von den Käfern übersehen wurden, stehen noch in den Wäldern.

Merkmale:
Rinde grau-braun und jung glatt, später rissig. Blätter an der Basis unsymmetrisch (schief wirkend), Oberfläche rau, Blattende spitz, oft dreizipfelig, Blattrand gesägt. Verwechslungsmöglichkeit mit Flatter-Ulme (*Ulmus laevis*), diese jedoch mit glatter Blattoberseite und doppelt gesägtem Blattrand.

▲ Essbar, aber fad: die Früchte des Weißdorns.

Eingriffeliger Weißdorn

Crataegus monogyna | Rosengewächse

Merkmale:
Zweige bedornt, Blätter drei- bis siebenzählig gelappt und bis zwei Drittel der Blatthälfte eingeschnitten. Blüten weiß, Früchte rot und essbar. Verwechslungsmöglichkeit mit dem Zweigriffeligen Weißdorn (*Crataegus laevigata*), dessen Blätter nur bis zur Mitte der Blatthälfte eingeschnitten bzw. gelappt sind.

Der Eingriffelige Weißdorn erhielt seinen Namen, weil der weibliche Teil der Blüte nur einen einzigen Stempelträger (= Griffel) hat. Der Strauch wird im Durchschnitt 2 bis 5 m hoch und trägt an seinen Zweigen 2 cm lange Dornen. Im Frühjahr ist er mit Tausenden weißer Blüten übersät, die für Insekten eine wichtige Nahrungsquelle darstellen. Mit seinen Dornen kann sich der Weißdorn gut gegen große Pflanzenfresser wehren. Da in unseren Wäldern heutzutage viel mehr solcher Tiere als ursprünglich vorgesehen ihre Bahn ziehen, werden wehrhafte Sträucher begünstigt, und der Weißdorn breitet sich weiter aus.

▲ Nach dem ersten Frost sind die Früchte der Schlehe genießbar, aber immer noch „pelzig".

Schlehe

Prunus spinosa | Rosengewächse

Die Schlehe, auch Schwarzdorn genannt, zeigt, dass sie ein Steppenstrauch ist: Wo Pflanzenfresser weiden, muss sie sich wehren können. Das schafft sie mit ihren stabilen Dornen bestens. Sie bildet aus vielen Einzelsträuchern Dickichte, die nur noch per Feuer oder maschinell beseitigt werden können. Die Dornen sind selbst Jahre nach dem Tod des Strauchs noch so stabil, dass sie Gummistiefel und Autoreifen durchstechen. Setzt sich die Schlehe in Wäldern flächig durch, so deutet das immer auf zu hohe Dichten von Rehen und Hirschen hin. Die Früchte dieser Wildpflaumenart erzeugen ein pelziges Gefühl auf der Zunge. Wenn der erste Frost über die Früchte gegangen ist, wird dieser Effekt zwar geringer, schmackhaft sind sie dann aber immer noch nicht zu nennen. Schlehen sind daher als Wildobst weniger begehrt.

Merkmale:
Rinde fast schwarz, im Alter rissig, Blätter meist 3 cm lang, verkehrt-eiförmig und schwach doppelt gesägt. Früchte wie kleine, 1 bis 2 cm große Pflaumen.

▲ **Himbeere: Die Kultursorten gefährden über die Bestäubung durch Insekten die Wildform.**

Himbeere

Rubus idaeus | Rosengewächse

Merkmale:
Hellgrüne Triebe (Vorjahrestriebe braun) mit relativ weichen Stacheln, Blätter drei- bis siebenteilig gefiedert, unterseits mit hellem Filz, Pflanzen bilden im Gegensatz zur Brombeere keine Verhaue. Blüten unscheinbar weiß-grün, Früchte rot.

Die Himbeere mag es sonnig: Sie besiedelt Wegesränder und baumfreie Areale; wird es dunkler, so verschwindet sie. Ihre Anwesenheit auf vom Sturm geworfenen Waldflächen ist ein Segen, denn in ihrem Schatten wachsen junge Bäume geschützt heran. Zudem erzeugt ihr Laub, das sie im Herbst abwirft, einen milden Humus und trägt zur Bodenverbesserung bei. Ihre Blüten sind für Bienen und Schmetterlinge eine wichtige Nahrungsquelle. Die essbaren Früchte erscheinen ab Juni. Aus der Wildform wurden zahlreiche Kulturformen gezüchtet, die sich wiederum über gegenseitige Bestäubung per Insekten kreuzen können und so die ursprüngliche Form genetisch in ihrem Bestand bedrohen.

▲ Erst die schwarzen Brombeeren sind reif und süß.

▶ Die Früchte der Kratzbeere sind nicht ganz so schmackhaft.

Brombeere

Rubus fruticosus | Rosengewächse

Die Brombeere ist der Schrecken vieler Waldbesitzer: Während die Himbeere Kahlflächen aufwertet, indem sie den Baumnachwuchs beschützt, macht die Brombeere das Gegenteil. Sie überwuchert das Gelände mit ihren bis zu 10 m langen Ruten. Fällt im Winter Schnee, so werden diese zu Boden gedrückt und reißen dabei viele Jungbäume um. Da sich die Brombeere mit starken, leicht hakenförmigen Stacheln wehrt, können wir solche Waldgebiete kaum noch betreten. Selbst das Wild meidet Brombeergestrüppe, die sich bei hohen Beständen von Rehen und Hirschen gegen die Himbeere durchsetzen. Manchmal vermag die Brombeere aber auch wie ein Schutzzaun zu wirken, in dessen Mitte wenigstens einzelne Laubbäume ohne Wildfraß aufwachsen können.

Merkmale:
Triebe mit kräftigen Stacheln, drei- bis siebenteilige Fiederblätter (unterseits ohne Filz), die teilweise im Winter am Strauch bleiben. Erst rote, später schwarze, essbare Früchte. Verwechslungsmöglichkeit mit der Kratzbeere (*Rubus caesius*), diese jedoch mit blau bereiften und kleineren Früchten (ebenfalls essbar).

▲ Heute findet das Holz des Faulbaums keine Verwendung mehr.

Faulbaum

Frangula alnus | Kreuzdorngewächse

Merkmale:
Borke schwach rissig, grün-grau. Unter der Rinde von Zweigen gelblich. Blätter eiförmig mit glattem Rand, die kleinen Früchte sind unreif rot, später schwarz.

Der Faulbaum wird auch Pulverholz genannt, weil man früher aus seinem Stamm eine besondere Holzkohle gewann, aus der Schießpulver hergestellt wurde. Eigentlich müsste es Faulstrauch heißen, da er selten höher als 4 m wird. Zumindest den ersten Teil seines Namens trägt er zu Recht, denn die Rinde riecht leicht faulig. Das scheint den Zitronenfalter (*Gonepteryx rhamni*) aber nicht abzuschrecken, denn er bevorzugt den Faulbaum für seinen Nachwuchs. Schaben wir mit dem Fingernagel die Rinde eines Zweiges ab, so erscheint darunter gelbes Holz – ein eindeutiges Kennzeichen für diese Art. Da der Baum giftig ist und Schießpulver heutzutage anders hergestellt wird, gibt es für den Faulbaum keine Verwendung mehr.

▲ Blühende Ginsterlandschaften künden von hohen Wildbeständen.

Besenginster

Cytisus scoparius | Schmetterlingsblütengewächse

Der Besenginster ist hartnäckig: Mehr als 50 Jahre kann sein Samen im Boden überdauern, bis er seine Chance bekommt, wenn die Bäume eines Tages über ihm verschwinden. Sei es durch Sturm oder Kahlschlag, rasch überzieht der Strauch dann hektarweise die frei gewordenen Flächen, denn seine Giftigkeit verhindert, dass ihn Reh und Hirsch zu stark befressen. Lediglich beim Klima ist er empfindlich: Bei strengen Frösten erfriert der Strauch, sodass er eher im Süden und Westen Mitteleuropas heimisch ist, wo die Winter milder sind. Im Frühjahr ist der Besenginster über und über mit gelben Blüten besetzt. Dies führt zu Regionalbezeichnungen, etwa dem Ausdruck „Eifelgold“. Aus seinen Zweigen lassen sich elastische Besen binden, was ihm zu seinem Namen verhalf.

Merkmale:
Rinde an den Zweigen jung grün, später hellbraun, mit winzigen Blättchen. Im Mai bis Juni mit unzähligen gelben Blüten übersät.

▲ Die Heidelbeere ist in vielen lichten Wäldern ein Kulturfolger.

Heidelbeere

Vaccinium myrtillus | Heidekrautgewächse

Merkmale:
Strauch 10 bis 60 cm hoch, mit kantigen, grünen Stängeln und eiförmigen Blättern. Blüten grünlich bis rötlich, Blütezeit April bis Mai, reife Beeren schwarzblau.

Die Heidelbeere mag es gern sauer, feucht und hell. Solche Bedingungen findet sie entweder in den nördlichen Nadelwäldern oder in den Gebirgen Mitteleuropas. Ersatzweise sagen ihr auch lichte Laubwälder, ganz besonders jedoch Kiefernplantagen zu. Daher kann sie in tieferen Lagen meist als Zeiger für kulturell stark veränderte Wälder gelten. Die kleinen Sträucher werfen im Winter ihr Laub ab, sind dann aber wegen ihrer grünen Triebe immer noch gut zu sehen. Heidelbeersträucher werden gerne von Rehen und Hirschen befressen. Dadurch erreichen sie selten ihre Maximalgröße. Die Beeren waren einst eine wichtige Herbstnahrung für Braunbären, die über einen Zentner pro Tag davon fraßen.

▲ Eine schöne Dekoration, für den Baum aber eine Plage: die Mistel.

► Die Misteldrossel sorgt durch ihren Kot für die Verbreitung.

Mistel

Viscum album | Mistelgewächse

Die Mistel ist ein kleiner Strauch, der auf Bäumen lebt. Ihre klebrigen Beeren werden von Vögeln, etwa der Misteldrossel (*Turdus viscivorus*), in hohe Äste getragen, wo die Tiere nach dem Fressen ihren Schnabel an Zweigen wetzen. Ein Teil der Samen wird dabei abgestreift, und selbst die mitgefressenen Körnchen sind noch so klebrig, dass sie nach dem Ausscheiden an Ästen haften bleiben. Dort keimen sie und senken ihre Wurzeln in das Holz. Hier entziehen die Schmarotzer dem Baum zwar Wasser, Zucker produzieren sie mit ihren lederartigen Blättern aber selbst. Da die Mistelwurzeln die Holzstruktur schwächen, können bei stärkerem Befall dicke Äste abbrechen oder sogar ganze Bäume absterben. Daher gilt dieser Strauch forstwirtschaftlich als Schädling.

Merkmale:
Komplett grün (auch Rinde der Zweige), kugelförmige Gestalt, Zweige gabelförmig mit einem Blattpaar am Ende. Weiße Beeren.

▲ Busch-Windröschen müssen sich im Frühjahr sputen, solange noch Licht am Waldboden ist.

◀ Das Gelbe Windröschen ist wesentlich seltener.

Busch-Windröschen

Anemone nemorosa | Hahnenfußgewächse

Merkmale:
Drei hoch angesetzte handförmig geteilte Blätter, Blattrand gesägt. In der Mitte 1 bis 2 weiße Blüten, Blütenblätter manchmal am Rand leicht rötlich. Höhe bis 25 cm.

Das Busch-Windröschen ist ein typischer Frühblüher und kommt nur in Laubwäldern vor. Hier nutzt es die Monate März und April, in denen die Sonne schon kräftiger wird, Buchen und Eichen aber noch keine Blätter haben. In dieser Zeit ist es am Boden sehr hell, und es gibt kaum Konkurrenz. In großen Teppichen überzieht das Busch-Windröschen das kahle Erdreich, und nach der Blüte wird mit den Blättern noch rasch Energie für das nächste Jahr getankt. Zucker und andere Kohlenhydrate werden in den Wurzeln gespeichert, bevor die Bäume dann im Mai ausschlagen und den Zwergen das Licht ausknipsen. Nun warten diese im Boden bis zum nächsten Frühling, wenn die warme Sonne sie wieder weckt.

▲ Der Sauerklee schmeckt schön sauer, ähnelt aber dem giftigen Busch-Windröschen.

Wald-Sauerklee

Oxalis acetosella | Sauerkleegewächse

Der Sauerklee ist ein echter Schattenkünstler. Wo sonst keine Blütenpflanze mehr gedeihen kann, weil große Bäume den Boden verdunkeln, da ist dieses zarte Pflänzchen immer noch zu finden. Seine weißen Blüten überziehen im Frühjahr nicht nur das Erdreich, sondern auch Baumstümpfe und umgestürzte Stämme. Nur schön sauer muss das Bodensubstrat sein, und das ist entweder in natursauren Laubwäldern oder aber unter Fichten und Kiefern der Fall. Dort sorgen die herabgefallenen Nadeln durch ihre Säure für schlechte Bodenverhältnisse, mit denen viele andere Arten nicht zurechtkommen. Sauerklee ist essbar und wirklich erfrischend sauer. In größeren Mengen sollte man ihn aber nicht verzehren, denn das enthaltene Oxalat und die Oxalsäuren sind dann gesundheitsschädlich!

Merkmale:
Blätter kleeartig dreigeteilt und an langen Stielen, Blüten einzeln an Stängeln, weiß mit rötlichen Adern. Verwechslungsmöglichkeit mit Kleearten, diese jedoch niemals in dunklen Waldpartien, sondern an Rändern oder im Offenland.

▲ **Riecht unverwechselbar nach Knoblauch: der schmackhafte Bärlauch.**

Bärlauch

Allium ursinum | Lauchgewächse

Merkmale:
Blätter hellgrün, lang, ganzrandig, meist 2 pro Pflanze. Blüte in doldenartigen Ständen, sternförmig, weiß. Verwechslungsgefahr nicht nur mit dem Maiglöckchen, sondern auch mit der Herbstzeitlose (*Colchicum autumnale*), diese jedoch ohne Blattstiel, Blätter beidseitig glänzend, nicht nach Knoblauch duftend.

Der Bärlauch ist in Bezug auf die Blätter der optische Zwilling des Maiglöckchens: Beide haben meist zwei Blätter pro Pflanze – da können wir uns schon einmal irren. Das wäre nicht weiter schlimm, wenn der Bärlauch nicht so ein schmackhaftes Wildgemüse ergeben würde. Sein Grün riecht und schmeckt nach Knoblauch, macht sich gut in jedem Salat und wird oft zu Pesto verarbeitet. Bärlauch ist ein typischer Laubwaldbegleiter und mag es dabei gerne feucht. Stimmen die Voraussetzungen, so kann er große Bestände bilden, die sich wie ein Teppich unter den Bäumen hinziehen. Schon beim Zerreiben der Blätter machen sich die ätherischen Öle bemerkbar, die den unverwechselbaren Knoblauchgeruch besitzen.

▲ Mehr als den Duft sollten wir beim Maiglöckchen nicht genießen.

Maiglöckchen

Convallaria majalis | Spargelgewächse

Das Maiglöckchen liebt Laubwälder. Gar zu dunkel darf es darin aber nicht sein, denn es blüht ja erst im Mai, gerade dann, wenn Buchen und Eichen durch die neu gebildeten Blätter das Sonnenlicht am Boden stark drosseln. Seine weißen Blüten duften lieblich und sind Vorlage für so manches Parfüm. Ansonsten ist das Maiglöckchen eher gefährlich. Alle Teile, besonders die roten Beeren, sind giftig. Zudem ähneln die Blätter dem Bärlauch. Sie entrollen sich zwar im Gegensatz zu diesem tütenartig und riechen auch nicht nach Knoblauch, doch ungünstigerweise treten beide gleichzeitig und manchmal sogar zusammen auf. Erst mit der Blüte sind sie sicher zu unterscheiden.

Merkmale:
Blätter hellgrün, ganzrandig, bis 20 cm lang, pro Pflanze nur 2 Stück. Blütenstängel ohne Blätter, Blüten glockenförmig, weiß. Verwechslungsgefahr mit Bärlauch (siehe gegenüber).

▲ **Der Waldmeister ist nicht gesund, aber in Bowle unwiderstehlich.**

Waldmeister

Galium odoratum | Rötegewächse

Merkmale:
Blätter dunkelgrün, lanzettlich, in Quirlen um den vierkantigen Stängel. Blüten klein, weiß, zu mehreren in Blütenständen. Verwechslungsmöglichkeit mit dem Wald-Labkraut (*Galium sylvaticum*), dieses jedoch nicht nach Waldmeister duftend.

Der Waldmeister ist eine Charakterart von Buchenwäldern. Für einen bestimmten Typ ist er sogar namensgebend: die Waldmeister-Buchenwälder, die auf feuchten Lehmböden vorkommen. Wenn seine frischen Stängel im Frühjahr erscheinen, beginnt auch die Nutzung durch den Menschen. Heutzutage landen meist kleine Sträuße kopfüber im Sekt, um aus diesem eine Maibowle zu zaubern. Dabei sollte man darauf achten, die Pflanzen vor der Blüte zu pflücken. Der typische Geschmack und Geruch stammt vom schwach toxischen Kumarin, das übrigens auch aus gemähtem Gras austritt, das dann ähnlich duftet. Früher wurde Waldmeister in allerlei Speisen und Getränken zur Aromatisierung verwendet, mittlerweile stammt der Geschmack nur noch aus dem Chemielabor.

▲ Das Kletten-Labkraut hält sich mit seinen gekrümmten Haaren an anderen Pflanzen fest.

Kletten-Labkraut

Galium aparine | Rötegewächse

Das Kletten-Labkraut ist ein Tausendsassa: Ob in dunklen Laubwäldern, an hellen Wegesrändern oder in Gartenbeeten, es kommt mit fast sämtlichen Lichtsituationen zurecht. Dabei ist es in jeder Hinsicht sehr anhänglich. Als Kletterpflanze nutzt es andere Arten, um an ihnen in die Höhe zu steigen, da die eigenen Stängel dafür zu schwach sind. Tausende kleine Stacheln, eher Haare, da sie nicht stechen, helfen dabei, sich festzuhalten. Das kann im Garten ganz schön lästig werden, denn beim Entfernen des Kletten-Labkrauts werden manchmal auch Nutzpflanzen mit ausgerissen. Die kugelförmigen Früchte sind ebenso anhänglich. Sie bleiben an den Hosenbeinen oder bei Tieren im Fell hängen und lassen sich zum nächsten Biotop tragen.

Merkmale:
Blätter lanzettlich, in Quirlen um den vierkantigen Stängel. Blattrand, Stängel und kugelförmige Früchte mit leicht gekrümmten, weichen Stacheln besetzt. Blüte in Blütenständen, weiß, 4 Blütenblätter. Höhe der kletternden Pflanze bis 200 cm.

▲ Aus den Blüten des Großen Hexenkrauts werden Samen, die auf eine Reisegelegenheit warten.

Großes Hexenkraut

Circaea lutetiana | Nachtkerzengewächse

Merkmale:
Blätter eiförmig, behaart, kreuzweise gegenständig. Stängel bis 60 cm hoch, ebenfalls behaart. Blüten weiß bis rosa, klein, an stehender Traube.

Das Hexenkraut verdankt seinen Namen den magischen Kräften, die wir ihm schon seit Jahrtausenden zuschreiben. Besonders in Liebesdingen soll es seine Wirkung entfaltet haben, aber davon ist in unserer wissenschaftlich geprägten Welt nichts übrig geblieben: Das Hexenkraut gilt heute nicht mehr als Heilmittel. Der Pflanze ist dies wahrscheinlich reichlich egal, sie will sich eher evolutionär behaupten, und das ist im Wald schwer genug. Die Samen können nicht fliegen, und da es unter Bäumen meist windstill ist, sind andere Strategien gefragt. Die kleinen Körnchen sind mit Borsten gespickt, die im Fell von Tieren (oder an den Hosenbeinen von Menschen) hängen bleiben. So reisen sie bequem in fremde, weit entfernte Gefilde und können dort einen neuen Bestand aufbauen.

▲ Im Mittelalter gehörte die Wald-Sanikel zu den Heilmitteln.

Wald-Sanikel

Sanicula europaea | Doldenblütler

Die Wald-Sanikel ist eine treue Buchenwald-Freundin. Nur selten verirrt sie sich unter andere Laubbaumarten oder gar in Fichtenwälder. Auch den Wald liebenden Menschen ist sie gerne zu Diensten. Früher galt sie als Universalheilmittel, und je nach Verwendung bezeichnete man sie lokal völlig unterschiedlich, z. B. als Bauchwehkraut. Selbst als Wundauflage war sie in Gebrauch. Dann geriet die Wald-Sanikel in Vergessenheit. Nur einige Kräuterliebhaber pflegen sie in ihren Gärten. Zur Verbreitung nutzt die Pflanze eine unter Waldblumen häufig verwendete Strategie: Die Samen sind mit kleinen Haken besetzt und reisen als blinde Passagiere im Fell von vorbeiziehenden Tieren mit.

Merkmale:
Blätter handförmig fünfzählig gelappt, gezähnt, grundständig. Stängel nur blütentragend, diese mit 5 Blütenblättern und rötlich weiß. Höhe bis 50 cm.

▲ Das Echte Mädesüß verströmt einen starken Duft.

Echtes Mädesüß

Filipendula ulmaria | Rosengewächse

Merkmale:
Selten höher als 1 m, kantiger Stängel, Blätter einfach gefiedert, gelblich weiße Blüten mit 5 (selten 6) Blütenblättern und stark herb-süßem Duft. Verwechslungsmöglichkeit mit dem Kleinen Mädesüß (*Filipendula vulgaris*), dieses deutlich kleiner und Blätter in Rosette angeordnet.

Warum die Pflanze Mädesüß heißt, ist nicht ganz klar: Entweder weil sie zur Geschmacksaufwertung von Met verwendet wurde („Metsüß") oder weil sie nach der Mahd süß riecht („Mahdsüß"). Die Pflanze, vor allem die Blüte, enthält Salicylsäure und kann damit gegen Kopfschmerzen und Fieber eingesetzt werden. Sie wirkt schwächer als entsprechende Medikamente, ist dafür aber bei vielen Wanderungen verfügbar: Feuchte Wiesen oder Gräben in Wäldern sind solche Fundstellen. Ein daraus gebrauter Tee hilft, sollte jedoch nur in Maßen getrunken werden, da ansonsten andere Inhaltsstoffe wieder für Kopfschmerzen sorgen können.

▲ Der Wald-Geißbart ist auch eine beliebte Gartenpflanze.

Wald-Geißbart

Aruncus dioicus | Rosengewächse

Obwohl der Wald-Geißbart mit dem Mädesüß verwandt ist, die Blätter sogar sehr ähnlich aussehen, ist spätestens bei den Blütenständen klar, wen wir da vor uns haben. Fein säuberlich wie bei einem Pfeifenputzer aufgereiht sitzen dort in langen Reihen die Einzelblüten. Und noch etwas ist besonders: Der Wald-Geißbart ist zweihäusig, es gibt also männliche und weibliche Pflanzen. Die männlichen blühen elfenbeinfarben mit Staubgefäßen, die weiblichen strahlend weiß, manchmal leicht grünlich. Ihre Samen sind federleicht und werden schon von lauen Winden weitergetragen. Insgesamt ist die Pflanze eine so hübsche Erscheinung, dass sie auch in vielen Gärten Einzug gehalten hat. Dort sollte man aber die Wildform wählen, um nicht weiter zur genetischen Vermischung von Wild- und Zuchtform beizutragen.

Merkmale:
Blätter gefiedert (3 bis 5 Fiederblättchen), Blütenstände aufrecht mit pfeifenputzerartigen Ästen, zweihäusig. Männliche Blüten elfenbeinfarben, weibliche weiß bis grünlich weiß. Höhe der Pflanze bis 2 m.

▲ **Leckerer Wildsalat: die Knoblauchsrauke.**

Knoblauchsrauke

Alliaria petiolata | Kreuzblütengewächse

Merkmale:
Blätter hellgrün, zart, unten am Stängel eher herzförmig, oben mehr dreieckig, buchtig gekerbt. Geruch und Geschmack knoblauchartig. Blüten weiß, 4 Blütenblätter. Höhe bis 100 cm.

Die Knoblauchsrauke ist eine typische Begleiterin von lichten Laubwäldern. Dort entfaltet sie ihr zartes Hellgrün und ist so schon von weitem zu erkennen. Unter den Wildgemüsen steht sie ganz oben in der Hitliste, denn mit dem deutlichen Knoblauchgeschmack lässt sie sich vielseitig verwenden. Ob in den Quark gemischt oder zur Verfeinerung von Salaten, die Knoblauchsrauke verleiht jedem Gericht eine besondere Note. Allerdings sollte die Pflanze nur frisch genutzt werden, da sich der Geschmack schnell verflüchtigt. Selbst ihre Samen sind verwendbar, sie schmecken scharf wie Pfeffer. In freier Wildbahn bilden diese bei Regen einen Schleim, mit dessen Hilfe sie bei vorüberziehenden Tieren kleben bleiben. So kann sich die Knoblauchsrauke ausbreiten.

▲ Die Wald-Sternmiere überträgt den Erreger für Hexenbesen.

▶ Hexenbesen an der Weiß-Tanne.

Wald-Sternmiere

Stellaria nemorum | Nelkengewächse

Die Wald-Sternmiere, auch Hain-Sternmiere genannt, ist eine kleine Mimose. Ihre Stängel sind dünn und zerbrechlich. Wird sie gepflückt, so verwelken die Blüten rasch, noch ehe sie die rettende Vase erreichen. Am wohlsten fühlt sie sich in kühlen, nährstoffreichen Laubwäldern, sie klettert aber auch bis in Bergwälder hinauf. Bei der Bestäubung legt sie auf Bienen keinen Wert, sondern setzt als echtes Kind des Waldes auf Fliegen und Käfer. In den Bergwäldern trifft die Wald-Sternmiere auf die Weiß-Tanne. Hier dient sie einem Pilz als Zwischenwirt, der anschließend die Tannen befällt und Krebs in Form von Hexenbesen auslöst.

Merkmale:
Blätter unten herzförmig, gestielt, oben am Stängel eiförmig, Stängel und Rand der Blätter behaart. Blüten weiß, mit 5 Blütenblättern (diese gespalten, sodass es scheinbar 10 sind). Verwechslungsmöglichkeit mit der Großen Sternmiere (*Stellaria holostea*), deren Blütenblätter jedoch nur bis zur Hälfte geteilt.

▲ **Das Weiße Waldvögelein (links) ist lichtscheu, das Rote Waldvögelein (rechts) wächst bis in 1800 m Höhe.**

Weißes Waldvögelein

Cephalanthera damasonium | Orchideengewächse

Merkmale:
Blätter lanzettlich, mit Blaustich. Stängel kantig. Blätter und Stängel unbehaart. Blüten weiß, um 2 cm lang, obere Hüllblätter einander zugeneigt (als wäre die Blüte nicht vollständig geöffnet). Ohne Blüten Verwechslungsmöglichkeit mit dem Roten Waldvögelein (*Cephalanthera rubra*), violett angelaufene Stängel.

Das Weiße Waldvögelein ist ein Begleiter der Buchenwälder, obwohl man es hin und wieder auch unter Fichten antreffen kann. Daher ist es an sehr wenig Licht angepasst und auf Freiflächen nicht zu finden. Das Weiße Waldvögelein braucht Kalk im Boden – dort, wo dieser nicht wenigstens in Spuren vorkommt, kann es nicht wachsen. Die rund 2 cm großen Blüten lassen es als typische Orchidee erkennen. Sie sehen so aus, als würden sie sich nicht vollständig öffnen. Das brauchen sie auch nicht, denn noch bevor Insekten die weißen Nektarspender besuchen können, hat sich das Weiße Waldvögelein in aller Regel schon selbst bestäubt.

▲ Wer nachts unterwegs ist, kann die Zweiblättrige Waldhyazinthe riechen.

▶ Die grünliche Waldhyazinthe riecht leicht nach Vanille.

Zweiblättrige Waldhyazinthe

Platanthera bifolia | Orchideengewächse

Die Zweiblättrige Waldhyazinthe hat zwar wunderschöne weiße Orchideenblüten, duftet aber nicht sehr intensiv. Zumindest tagsüber. Neigt sich die Sonne zum Horizont, so verstärkt sich das süße Aroma, welches durch den Wald wabert. Grund dieser Strategie ist, dass nur Nachtfalter angelockt werden sollen, die einen besonders langen Rüssel haben. Würde die Zweiblättrige Waldhyazinthe auch tagsüber stark duften, so kämen Bienen und Hummeln. Da diese mit ihren Rüsseln nicht bis hinunter an den Nektar reichen, würden sie die Blüte einfach aufbeißen, um seitlich heranzugelangen. Dabei käme es aber nicht zu einer Bestäubung.

Merkmale:
Grundblätter oval, groß, pro Pflanze 2 Stück. Stängelblätter lanzettlich. Blüten weiß, nur nachts duftend. Pflanze um 50 cm hoch. Verwechslungsmöglichkeit mit der Grünlichen Waldhyazinthe (*Platanthera chlorantha*), diese jedoch mit grünlicheren Blüten und kürzerem Blütensporn.

▲ Die Wohlriechende Weißwurz duftet lieblich. Die Früchte sind blau bereift.

Wohlriechende Weißwurz

Polygonatum odoratum | Spargelgewächse

Merkmale:
Blätter ganzrandig, wechselständig an einem kantigen Stängel. Blüten weiß, glockenförmig, den Blattachseln entspringend, je 1 bis 5 zusammen. Verwechslungsmöglichkeit mit der Vielblütigen Weißwurz (*Polygonatum multiflorum*), deren Stängel jedoch rund, und sie trägt oft mehr als 2 Blüten pro Blattachsel.

Die Wohlriechende Weißwurz, auch Salomonssiegel genannt, ist eine Verwandte des Maiglöckchens. Sie hat ähnlich aufgebaute Blätter, die aber einem Stängel entspringen. Die Blüten stehen nicht in einem Blütenstand, sondern wachsen aus den Blattachseln. Die Beeren sind allerdings nicht rot, sondern blau. Ihren Zweitnamen bekam die Pflanze wegen der siegelartigen Narben, welche die abgestorbenen Blätter am Wurzelstock hinterlassen. Vor Jahrhunderten sprachen die Menschen der Weißwurz magische Kräfte zu. Unter anderem sollte sie Felsen sprengen können, weniger spektakulär war die tatsächliche Verwendung zur Wundheilung. Heute wird die Wohlriechende Weißwurz eher als Zierpflanze genutzt.

▲ Der Fichtenspargel zapft sich seine Nahrung von Pilzen ab.

► Die Vogel-Nestwurz, ebenfalls ein Schmarotzer.

Fichtenspargel

Monotropa hypopitys | Heidekrautgewächse

Der Fichtenspargel ist eine merkwürdige Pflanze. Er besitzt keinerlei Grün und treibt nur aus, um eine unscheinbar hellbraun gefärbte Blüte zu bilden. Ein Gewächs, das nicht grün ist, beinhaltet kein Chlorophyll (Blattgrün) und kann somit auch keine Fotosynthese betreiben. Der Fichtenspargel ist daher auf fremde Hilfe angewiesen. Er mogelt sich unter die Mykorrhizapilze von Bäumen, und da er kein Licht braucht, können es selbst dunkelste Fichtenbestände sein. Dort zapft er die Nährstoffströme an, die zwischen Pilzen und Bäumen fließen. Beide helfen sich gegenseitig, indem Pilze die Wurzeloberfläche vergrößern und den Bäumen somit mehr Wasser und Mineralstoffe zuleiten. Dafür erhalten sie von den Baumpartnern Zucker und andere Kohlenhydrate. Genau hier greift sich der Fichtenspargel einfach eine Portion ab.

Merkmale:
Blattlos. Blasser, hellbrauner und spargelähnlicher Blütenstand, der vertrocknet dunkelbraun wird und bis ins nächste Jahr überdauert. Verwechslungsmöglichkeit mit der Vogel-Nestwurz (*Neottia nidus-avis*), einer Orchideenart, diese jedoch mit größeren Blüten.

▲ **Wald-Erdbeeren schmecken viel aromatischer als Zuchterdbeeren.**

Wald-Erdbeere

Fragaria vesca | Rosengewächse

Merkmale:
Blätter dreizählig, gesägt, an langen Stielen, aus einer Rosette entspringend. Blüten weiß mit gelben Staubblättern, rote Scheinfrüchte mit kleinen Nüsschen.

Eine der leckersten Früchte der Natur ist die Wald-Erdbeere. Kaum fingernagelgroß, doch auf der Zunge eine Explosion von Geschmacksaromen – so lässt sie sich beschreiben. Dabei ist sie nicht die Stammform der Gartenerdbeeren, denn die wurden aus chilenischen und anderen amerikanischen Wildformen gezüchtet. Lediglich die kleineren Monatserdbeeren lassen sich auf unsere heimische Art zurückführen. Beim Pflücken brauchen wir übrigens keine übertriebene Angst vor dem Fuchsbandwurm zu haben – dessen Eier sind im Fuchskot konzentriert. Das Infektionsrisiko liegt im ähnlichen Wahrscheinlichkeitsrahmen wie ein Blitzschlag, betrifft jährlich weniger als 30 Menschen in Deutschland (und hier eher Jäger, Landwirte und Haustierbesitzer). Einem ungetrübten Genuss steht also nichts im Wege.

▲ **Bevorzugt von Hummeln – die Wald-Schlüsselblume.**

► **Die Echte Schlüsselblume hat kleinere, gelbere Blüten.**

Wald-Schlüsselblume

Primula elatior | Primeln

Wald-Schlüsselblumen haben sich bei der Bestäubung auf Hummeln spezialisiert. Ihr Blütenkelch ist lang – zu lang für Bienen. Doch diese geben deshalb nicht auf, sondern beißen manchmal kurzerhand seitlich ein Loch hinein und saugen den Nektar dort heraus. Eine Bestäubung findet in diesem Fall allerdings nicht statt. Wald-Schlüsselblumen gibt es auch als Zuchtform. Für die Wildform ist das problematisch. Wird der Pollen von den Gartenprimeln auf die Wald-Schlüsselblume übertragen, so können sich Mischformen bilden – ein Problem, das alle Gespanne von Wildform und Zuchtform haben.

Merkmale:
Blätter bis 20 cm lang, aus einer Rosette entspringend, unterseits behaart. Blüten zu mehreren in Blütenständen an bis zu 30 cm langen Stängeln, blassgelb, im Inneren kräftig gelb. Verwechslungsmöglichkeit mit der Wiesen-Schlüsselblume (*Primula veris*), Blüten jedoch kräftig gelb mit orangefarbenen Punkten.

▲ **Nur bedingt essbar: Das Scharbockskraut steigert täglich seine Giftigkeit.**

Scharbockskraut

Ranunculus ficaria | Hahnenfußgewächse

Merkmale:
Blätter herzförmig, oberseits glänzend, unterseits deutlich sichtbare Blattadern. Blätter an langen Stielen. Blüten buttergelb, sternförmig, einzeln an langen Stängeln. Höhe um 10 cm.

Wie seine anderen Frühblüher-Kollegen setzt auch das Scharbockskraut auf die sonnige Zeit im März und April. Daher kann es ebenfalls nur in Laubwäldern wachsen, ganzjährig dunkle Nadelwälder kommen nicht infrage. Es ist giftig, und das hat seinen guten Grund: Im März sprießt im Wald kaum saftiges Grün, und die Pflanzenfresser stürzen sich auf jede Art, die vorwitzig ihre ersten Triebe aus dem Boden schiebt. Mit einer Portion Gift in den Adern legt das Scharbockskraut jedoch einen Riegel vor und kann unbehelligt seine gelben Blüten entfalten. Vor der Blüte sollen die Blätter essbar sein und scharf schmecken. Da der Gehalt an giftigen Alkaloiden aber mit jedem Tag ansteigt, ist von einem Verzehr abzuraten.

▲ Gold-Hahnenfuß: Stellvertreter für viele weitere Arten der Gattung Hahnenfuß.

Gold-Hahnenfuß

Ranunculus auricomus | Hahnenfußgewächse

Der Gold-Hahnenfuß ist ein weiterer Vertreter der großen Hahnenfußfamilie und setzt auf dieselbe Strategie wie das Scharbockskraut: früh blühen, rasch aussamen, bei Laubaustrieb der Bäume langsam Schluss machen und dann auf das nächste Jahr warten. Dieses Spiel kann an einem Standort jahrzehntelang andauern, bis eines Tages ein großer Baum abstirbt. Jetzt fällt viel Licht auf den Boden und Jungbäume nutzen die Gelegenheit, ein paar Meter in die Höhe zu schießen. Damit rauben sie den Frühblühern Platz und Sonnenstrahlen, sodass deren Vorkommen lokal erlischt. Doch Ameisen haben die Samen über die Jahre längst weiter verbreitet, wodurch nun an anderer Stelle eine neue Population von Gold-Hahnenfüßen für die Zukunft bestehen kann.

Merkmale:
Grundblätter nierenförmig, ungeteilt, Blätter am Stängel bis zum Blattgrund in schmalen Teilstücken. Blüte buttergelb, Höhe bis 50 cm. Verwechslungsmöglichkeit mit anderen Hahnenfußarten, etwa dem weit verbreiteten Scharfen Hahnenfuß (*Ranunculus acris*), dieser jedoch eher auf Wiesen.

▲ **Die Sumpf-Dotterblume ist das Hahnenfußgewächs für nasse Böden.**

Sumpf-Dotterblume

Caltha palustris | Hahnenfußgewächse

Merkmale:
Blätter herzförmig, dunkelgrün, an den Stängeln diese umfassend. Blüten mit 5 Blättern, dottergelb, zu mehreren am Stängel stehend. Blütezeit März bis Juni. Höhe der Pflanze bis 60 cm.

Die Sumpf-Dotterblume ist ein typisches Hahnenfußgewächs: Ihre leuchtend gelben Blüten mit 5 Blütenblättern und buttrigem Glanz verraten sie schon von weitem. Die Vorliebe ihrer Verwandtschaft für feuchte Standorte hat sie auf die Spitze getrieben. Für die Sumpf-Dotterblume muss es richtig nass sein. Daher ist sie am Rande von Teichen oder Bachläufen zu finden. Zudem ist ihre Gestalt gedrungener, ihre Blätter größer und dicker als bei anderen Hahnenfußgewächsen. Den Fraß von Wildtieren wehrt sie in gewohnter Hahnenfußmanier mittels scharfen Geschmacks und der Einlagerung von Giftstoffen ab. Zur Verbreitung nutzt sie das Wasser. Die Samen werden durch Regen aus den Fruchtständen ausgeschwemmt und treiben dann dank ihrer Luftpolster auf der Bachoberfläche zu neuen Standorten.

▲ Der Wald-Gilbweiderich mag feuchte Buchenwälder.

Wald-Gilbweiderich

Lysimachia nemorum | Primelgewächse

Mit seinen zarten, hellgrünen Blättern signalisiert der Wald-Gilbweiderich, auch Hain-Gilbweiderich genannt, dass er es immer schön feucht braucht. Nass muss es allerdings nicht unbedingt werden, obwohl die Pflanze zeitweise flache Wasserstände toleriert, wie sie am Bachufer auftreten können. So siedelt diese Blume mit Vorliebe in helleren, feuchten Buchenwäldern. Dabei breitet sie sich nicht ungestüm aus, sondern ist nur hier und da, also eher selten, zu finden. Wie zart sie ist, zeigt sie auch durch ihre Stängel: Oft gelingt es ihr nicht, sie vollständig aufzurichten, sodass der untere Teil am Boden liegt. Hier schlägt sie zusätzliche Wurzeln und bildet auf diese Weise Ableger.

Merkmale:
Blätter eiförmig, hellgrün, gegenständig. Stängel oft auf dem Boden kriechend. Gelbe Blüten mit 5 Kelchblättern. Verwechslungsmöglichkeit mit dem Pfennigkraut (*Lysimachia nummularia*), dieses jedoch vollständig kriechend und oft mit helleren Blättern.

▲ Huflattich blüht an Weg- und Waldrändern. Erst nach der Blüte …

◄ … schieben sich große Blätter aus der Erde.

Huflattich

Tussilago farfara | Korbblütler

Merkmale:
10 bis 30 cm hohe Stängel, große, herzförmige Blätter, unterseits mit hellem Filz, gelbe Blütenkörbchen mit je rund 300 Zungenblüten (sieht aus wie eine einzige Blüte), Blütezeit Februar bis März. Blätter können mit denen der Pestwurz verwechselt werden.

Der Huflattich ist keine echte Waldart, sondern eher ein Pionier. Er besiedelt rohe Böden, und diese finden sich auch am Rande von Waldwegen. Hier blüht der Huflattich als eine der ersten Pflanzen im ausgehenden Winter oft schon im Februar. Dabei erscheinen zuerst nur die Blüten, die großen Blätter werden später im Frühjahr nachgeschoben und wirken wie eine verkleinerte Ausgabe der Weißen Pestwurz (*Petasites albus*). Aus ihnen wurde früher ein wirksamer Tee gegen Husten aufgebrüht. Manch einer rauchte auch die gerollten Blätter als Tabakersatz. Heute wird aufgrund des Gehalts an giftigen Alkaloiden von der Verwendung abgeraten.

▲ Wo Rehe den Wald leer fressen, breitet sich das giftige Fuchssche Greiskraut aus.

▶ Die Raupe des Jakobskrautbären an seiner Wirtspflanze.

Fuchssches Greiskraut

Senecio ovatus | Korbblütler

Das Fuchssches Greiskraut tritt aufgrund seiner Giftigkeit zusammen mit dem Fingerhut (Seite 175) überall dort auf, wo andere Blütenpflanzen gefressen werden. Auf diesen Flächen (Kahlschlägen, Sturmwurfflächen oder Wegrändern) bildet es große Bestände. Selbst für die meisten Insekten sind die Inhaltsstoffe tödlich, einige wenige haben sich jedoch auf den gefährlichen Imbiss spezialisiert. So kann die Raupe des Jakobskrautbären (*Thyria jacobaeae*) nicht nur von den Blättern leben, sondern sie lagert das Gift sogar im Körper ein, um ihrerseits giftig für Fressfeinde zu werden. Besuchen Bienen die gelben Blüten, wird das Gift in den Honig übertragen. Bei einer entsprechenden Menge wird dieser dann ungenießbar. Massenhaftes Auftreten anderer Kreuzkrautarten hat beispielsweise in Schottland schon zu Verkaufsverboten geführt.

Merkmale:
Bis 2 m hohe Stängel, grün bis rötlich gefärbt, gezähnte, lanzettliche Blätter, gelbe Blütenstände, Blütezeit Juli bis September.

▲ Die Blätter des Großen Springkrauts sind mit Wachs überzogen.

◄ Mit viel kleineren Blüten: das Kleine Springkraut.

Großes Springkraut

Impatiens noli-tangere | Springkräuter

Merkmale:
Blätter eiförmig, gesägt, wechselständig. Stängel durchscheinend. Blüten zu mehreren an den Blattachseln hängend, gekrümmt gespornt, bis 40 mm groß, gelb, innen rot gepunktet. Verwechslungsmöglichkeit mit dem Kleinen Springkraut (*Impatiens parviflora*), einem Neophyt aus Asien.

Der lateinische Beiname des Springkrauts bedeutet „Rühr mich nicht an", aber genau das scheint die Pflanze zu wollen. Denn wenn wir die Fruchtstände zum Zeitpunkt der Reife berühren, zerplatzen diese schlagartig und schleudern die Samen mehrere Meter weit in die Landschaft. Vor allem für Kinder ist dies ein großer Spaß und hilft nebenbei dem Springkraut, sich rasch auszubreiten. Die Pflanze fühlt sich in schattigen, feuchten Laubwäldern am wohlsten, weil sie sehr empfindlich gegen Trockenheit und Sonne ist. Ihre Stängel sehen durchscheinend, fast glasartig aus, ihre Blätter hell und dünn. So schön die gelben Blüten auch sind, erreichen sie gepflückt doch nicht das heimische Wohnzimmer, da sie schon auf dem Weg dorthin verwelken.

▲ Der Wald-Wachtelweizen steht nicht ganz auf eigenen Füßen.

Wald-Wachtelweizen

Melampyrum sylvaticum | Braunwurzgewächse

Der Wald-Wachtelweizen liebt Fichten, seltener dürfen es Kiefern oder Laubbäume sein. Von ihnen, aber auch anderen Pflanzen (etwa Heidelbeeren) bezieht er einen Teil seiner Nährstoffe. Dazu zapft er über die Wurzeln Säfte ab. Da der Wachtelweizen immerhin noch selber etwas Fotosynthese betreibt und so wenigstens teilweise für sich selbst sorgt, bezeichnen wir ihn als Halbschmarotzer. Durch seine Verknüpfung mit Fichten ist er an kühleres Klima gebunden, da diese Baumart einst nur in den höheren Lagen natürlich vorkam. So ist der Wald-Wachtelweizen eine Pflanze der Hochlagen der Mittelgebirge und des Alpenraums.

Merkmale:
Blätter lanzettlich, gegenständig, ganzrandig. Blüten bis 10 mm groß, goldgelb, meist zu zweit den Blattachseln entspringend, Unterlippe mit violetten Flecken. Verwechslungsmöglichkeit mit dem Wiesen-Wachtelweizen (*Melampyrum pratense*), dieser jedoch mit größeren Blüten, deren Oberlippe violett ist.

▲ **Das Wald-Weidenröschen wächst nur dort, wo Rehe und Hirsche nicht überhandnehmen.**

Wald-Weidenröschen

Epilobium angustifolium | Nachtkerzengewächse

Merkmale:
Staude 50 bis 200 cm hoch, Blätter wechselständig und schmal, Blüten in langer, stehender Traube, rosa-violett, Blütezeit Juli bis August. Verwechslungsmöglichkeit mit dem Berg-Weidenröschen (*Epilobium montanum*); dieses deutlich kleiner mit kürzeren Blättern.

Das Wald-Weidenröschen ist ein typischer Begleiter von Kahlschlägen. Speziell nach Bränden in Nadelwäldern taucht es in Massen auf, was ihm den Zweitnamen „Feuerkraut" eingebracht hat. Die verkohlten Flächen überzieht es rasch, und so sorgt es im Sommer für einen Blütenrausch, allerdings nur dort, wo es nicht zu viele Rehe und Hirsche gibt. Daher gilt das Wald-Weidenröschen als guter Indikator für ausgewogene Wildbestände. Bei zu starkem Wildfraß wird es vom giftigen Fingerhut verdrängt, der ähnlich groß und ebenfalls in Rosa-Violett blüht. Die jungen Sprosse sind auch für Menschen genießbar und lassen sich wie Spargel zubereiten, schmecken allerdings nicht ganz so gut.

▲ Schöner als viele gezüchtete Stauden ist der Rote Fingerhut.

Roter Fingerhut

Digitalis purpurea | Wegerichgewächse

Der Rote Fingerhut hat einen beeindruckenden Blütenstand. Er kann über 2 m hoch werden und ist mit leuchtend-violetten Glocken (oder Fingerhüten) besetzt. Diese können bei bewölktem Himmel als Kompass dienen, da sie stets nach Süden ausgerichtet sind. Auf Kahlschlägen kann der Fingerhut große zusammenhängende Bestände bilden und signalisiert dabei jedes Mal eines: völlig überhöhte Populationen von Rehen oder Hirschen. Diese meiden nämlich die giftige Pflanze und fressen stattdessen junge Bäume und das ähnlich blühende Wald-Weidenröschen. Im tiefen Wald ist der Fingerhut nicht zu finden, dazu braucht er zu viel Licht. Sein Gift ist tödlich, wird aber bis heute in geringer Dosierung gegen Herzkrankheiten eingesetzt.

Merkmale:
Blätter im ersten Jahr als Rosette angeordnet, im zweiten Jahr auch am Blütenstängel. Oval bis lanzettlich, gezähnt, behaart. Blüten violett, selten weiß, glockenförmig, bis 50 mm groß.

▲ Das Fuchssche Knabenkraut wird oft mit dem Gefleckten Knabenkraut verwechselt.

Fuchssches Knabenkraut

Dactylorhiza fuchsii | Orchideengewächse

Merkmale:
Blätter ganzrandig, groß und dunkel gefleckt. Blüten in Ähren an bis zu 80 cm hohen Stängeln (meist jedoch deutlich kleiner), Blüten rosa, aber auch weiß oder violett. Verwechslungsmöglichkeit mit dem Gefleckten Knabenkraut, dieses jedoch etwas kleiner.

Das Fuchssche Knabenkraut, benannt nach einem Professor, ist wohl unsere häufigste Orchideenart, aber vielfach kaum bekannt. Grund ist die Verwechslung mit dem Gefleckten Knabenkraut (*Dactylorhiza maculata*), welches ihm in der Tat sehr ähnlich sieht. Letzteres ist nach jüngster Erkenntnis wesentlich seltener als allgemein angenommen, da es eben meist die Fuchssche Art ist, die wir finden. Diese braucht viel Licht, also entweder helle Wälder oder Wiesen. Kommt noch Kalk im Boden vor, ist es gar zusätzlich schön feucht, so fühlt sie sich pudelwohl und kann in immenser Stückzahl vorkommen. Oft sehen wir diese Orchideen in großen Beständen an den Böschungen von Straßengräben. Die hohen Ähren sind dicht an dicht mit Blüten besetzt und leuchten schon von weitem.

▲ Der Hasenlattich mag es gern schattig.

▶ Die Raupe des Lattichmönchs frisst gerne am Hasenlattich.

Hasenlattich

Prenanthes purpurea | Korbblütler

Der Hasenlattich ist nicht nur bei Hasen, sondern auch bei Rehen sehr beliebt. Wo er im Wald auf größerer Fläche auftritt, signalisiert er, dass die Wildbestände nahe dem natürlichen Gleichgewicht liegen. Denn wenn zu viele Rehe da wären, könnte dieser Leckerbissen nicht überleben. Als Begleiter von Buchenwäldern braucht er nicht viel Licht, um zu gedeihen. Mit seinen je nach Ausprägung löwenzahn- oder pfeilspitzenähnlichen Blättern ist er schnell identifiziert – Löwenzahn würde im Dämmerlicht nicht überleben. Hasenlattich mag es gerne kühl und steigt deshalb im Gebirge bis nahe der Baumgrenze auf. In den Tiefebenen mit ihren warmen Sommern hingegen ist er nur selten zu finden. Mit viel Glück können wir an den Blättern die bunt gefärbten Raupen des Lattichmönchs (*Cucullia lactucae*) entdecken.

Merkmale:
Blätter lanzettlich lang, herzförmig den Stängel umfassend, gezähnt, unterseits bläulich. Bodennahe Blätter löwenzahnähnlich gezähnt. Blüten an bis zu 160 cm hohen Stängeln, rot-violett, hängend.

▲ Das Leberblümchen darf nicht gepflückt werden.

Leberblümchen

Hepatica nobilis | Hahnenfußgewächse

Merkmale:
Blätter leberartig dreilappig, oberseits dunkelgrün, unterseits violett, auf langen Stielen. Blüten blau, manchmal leicht violett mit weißen Staubgefäßen. Höhe um 10 cm.

Das Leberblümchen erhielt seinen Namen von den Blättern, deren Form ein wenig an die menschliche Leber erinnert. Daher sollte es einst bei Leberleiden helfen, obwohl es leicht giftig ist. Weil die Blüten sehr früh im Jahr erscheinen, wird es in manchen Gegenden auch als „Vorwitzchen" bezeichnet. Leberblümchen sind sture Pflänzchen. Wo sie einmal stehen, da wollen sie für immer bleiben, und ihre Verbreitung per Samen geschieht nur sehr langsam. Deshalb sind diese Frühblüher auch nur in Laubwäldern zu finden, die schon viele Jahrhunderte Bestand haben. Zudem liebt das Leberblümchen Kalk oder Lehm, was die Auswahl der Standorte weiter einschränkt. Mit all diesen Ansprüchen ist es kein Wunder, dass diese Pflanze nur noch selten zu finden ist und unter Naturschutz steht.

▲ Das Wald-Veilchen besitzt nur optische Reize.

Wald-Veilchen

Viola reichenbachiana | Veilchengewächse

Das Wald-Veilchen ist ein kleiner Hochstapler: Seine schönen violetten Blüten sind leider völlig geruchlos. Möglicherweise ist das auch der Grund, warum es sich, wenn Insekten ausbleiben, selbst bestäuben kann. Für die Samenverbreitung tut es deutlich mehr. An jedem Körnchen hängen kleine Nährstoffpakete, die Ameisen anlocken. Sie verschleppen den Proviant zu ihrem Nest und verteilen dann den „Abfall", den eigentlichen Samen, in ihrer Umgebung. Auch das Hunds-Veilchen (*Viola canina*) duftet nicht. Es hat im Unterschied zum Wald-Veilchen keine Blätter am Stängelgrund. Das Wohlriechende Veilchen (*Viola odorata*) hingegen macht seinem Namen alle Ehre und ist durch den lieblichen Duft gut unterscheidbar.

Merkmale:
5 bis 20 cm hoch, herzförmige Blätter. Blüte violett, geruchlos. Blütezeit April bis Mai. Das ähnliche Wohlriechende Veilchen verrät sich durch seinen Duft.

▲ Büxt gerne aus Gärten aus: der Zweiblättrige Blaustern.

Zweiblättriger Blaustern

Scilla bifolia | Spargelgewächse

Merkmale:
Blätter schmal und bis 20 cm lang. Meist pro Pflanze nur 2 Stück. Blüte blau, sternförmig und in Trauben zu 2 bis 7 stehend oder hängend.

Der Zweiblättrige Blaustern ist ein Frühblüher und nutzt wie die Hahnenfußgewächse die Sonne in den Laubwäldern, ehe diese austreiben. Seine Energie für das nächste Jahr speichert er in Zwiebeln, in denen er von Mai bis Januar überdauert. Der Blaustern ist zwar ein Spargelgewächs, jedoch nicht verwertbar, denn er ist giftig. In unseren Wäldern ist er rar geworden, aber weil er so hübsch ist, gibt es ihn in Gartencentern zu kaufen. Dadurch ist er mittlerweile ein Gast in manchen Beeten, wenn auch eher selten. Dort lässt er sich jedoch nicht zähmen, denn Ameisen verbreiten seine Samen. Dazu hängt an jedem Korn ein kleines Fresspaket, welches die Tiere abnagen und den Rest anschließend „wegwerfen". Mit dieser Hilfe kann der Zweiblättrige Blaustern wieder in die Natur entkommen.

▲ Je weiter es Richtung Norden geht, desto blasser ist der Wald-Storchschnabel.

► Stinkender Storchschnabel mit kleinen Blüten.

Wald-Storchschnabel

Geranium sylvaticum | Storchschnabelgewächse

Der Wald-Storchschnabel mag es gerne kühl. Daher ist er im Bergland anzutreffen und je höher es hinaufgeht (oder Richtung Norden), desto weniger braucht er den Schutz der Bäume. Dabei ist er auch in der Farbe der Blüten variabel: Während sie in Mitteleuropa eher blau-lila gefärbt sind, können sie in Lappland weiß sein – dazwischen gibt es alle möglichen Abstufungen. Seine Samen lagern in schnabelartig spitz zulaufenden Fruchtständen. Wenn diese mit Eintritt der Reife trocknen, schnellen ihre Enden explosionsartig nach außen. Dabei werden die Samen herausgeschleudert, damit sie nicht direkt neben der Mutterpflanze keimen.

Merkmale:
Blätter fünf- bis siebenteilig gelappt, unregelmäßig gezähnt. Blüten blau-lila, weiter im Norden des Verbreitungsgebiets bis hin zu Weiß, Fruchtstände stehend. Verwechslungsmöglichkeit mit dem Stinkenden Storchschnabel (*Geranium robertianum*), dieser beim Zerreiben unangenehm riechend.

▲ **Das Wald-Vergissmeinnicht ist ein Sonnenanbeter.**

Wald-Vergissmeinnicht

Myosotis sylvatica | Raublattgewächse

Merkmale:
Blätter ganzrandig, behaart, lanzettlich. Stängel kantig, ebenfalls behaart. Blüten hellblau, seltener rosa, 5 Kelchblätter. Verwechslungsmöglichkeit mit dem Sumpf-Vergissmeinnicht (*Myosotis scorpioides*), dieses jedoch auf ausgeprägt nassen Standorten.

Das Wald-Vergissmeinnicht liebt die Sonne – im Widerspruch zu seinem Namen. Daher kommt es auch eher auf Waldwiesen und an Waldrändern vor. Mit seinen fröhlichen blauen Blüten erfreut es nicht nur den Wanderer, sondern auch Gartenliebhaber. Daher werden Zuchtformen in Gärtnereien angeboten, und wieder taucht dieselbe Problematik wie bei anderen Kulturformen auf: Sie können sich durch Pollen mit den Wildformen kreuzen und diese genetisch verfälschen. Für die Verbreitung überall im Garten sorgen Ameisen. Das Vergissmeinnicht bildet nahrhafte Anhängsel an den Samen, die die Insekten zum Fressen gerne haben. Sie transportieren die Samen nach Hause, und ist die Belohnung abgenagt, so landet der Rest auf dem „Abfall". Hier keimen dann neue Pflanzen.

▲ Die Pestwurz blüht, bevor die Blätter erscheinen.

► Die riesigen Blätter sind bei Kindern als Hüte beliebt.

Rote Pestwurz

Petasites hybridus | Korbblütler

Die Rote oder Gewöhnliche Pestwurz ist mit dem Huflattich (Seite 170) verwandt und hat ähnliche, aber deutlich größere Blätter. Sie mag es sehr feucht und ist daher auf nassen Bachwiesen, am liebsten jedoch unter Erlen oder Weiden zuhause. Bevor diese austreiben, schiebt die Pestwurz ihre dicken Blütenstängel aus dem Boden. Die rote Pracht riecht nicht besonders gut, lockt aber dennoch Bienen an. Die später erscheinenden, riesigen Blätter verdrängen andere Vegetation und lassen sich bei Familienausflügen als Sonnenhüte für Kinder verwenden. Die Pflanze wurde im Mittelalter als Heilmittel gegen die Pest verwendet. Heute wissen wir, dass der Genuss krebserregend sein kann und stufen die Pestwurz daher als giftig ein. Gleichwohl werden besonders aufbereitete Extrakte pharmazeutisch genutzt.

Merkmale:
Blätter herzförmig, unterseits behaart, bis 60 cm groß. Blütenstände an dicken Stängeln, Blüten in Trauben stehend, rötlich weiß bis rötlich violett. Verwechslungsmöglichkeit der Blätter mit denen des Huflattichs (Seite 170), diese jedoch deutlich kleiner.

▲ Schwarze Tollkirsche. Schon Kleopatra wusste Atropin kosmetisch einzusetzen.

◄ Blüte der Schwarzen Tollkirsche.

Schwarze Tollkirsche

Atropa belladonna | Nachtschattengewächse

Merkmale:
Blätter eiförmig, ganzrandig, bis 15 cm lang. Blattadern behaart, ebenso wie die Stängel. Blüten violett, glockenförmig, leicht herabhängend. Früchte rund, glänzend schwarz (wie Kirschen).

Die Tollkirsche ist der botanische Schrecken des Waldes: Nur der Knollenblätterpilz ruft ein ähnliches Schaudern hervor, wenn wir an die Wirkung denken. Dabei war die Pflanze schon im Altertum eher medizinisch interessant. Kleopatra etwa soll sich den Saft der schwarzen Früchte, die das Pupillen erweiternde Atropin enthalten, in die Augen geträufelt haben. Daneben sorgte eine kleine Dosis für Halluzinationen, eine größere für ein „tolles" Benehmen. Bei mehr als zehn konsumierten Beeren verabschiedete sich dann allerdings der menschliche Körper. Atropin ist bis heute eine wichtige medizinische Substanz, die immer noch im augenoptischen Bereich eingesetzt wird. Die Pflanze selbst liebt es hell und profitiert somit von der Kahlschlagswirtschaft in den Forsten.

▲ Liebling der Wespen: die Braunwurz.
► Braunwurz-Blüten ganz nah.

Knotige Braunwurz

Scrophularia nodosa | Braunwurzgewächse

Die Knotige Braunwurz pfeift auf Bienen – sie setzt lieber auf Wespen. Das erkennen wir schon an ihrer Blütenfarbe. Es ist ein bräunliches Violett, wie es auch andere Blütenpflanzen als Signalfarbe zum Anlocken der gelb-schwarz gestreiften Insekten einsetzen. Die Blüten, aber auch zerriebene Pflanzenteile verströmen zumindest aus der Sicht des Menschen abstoßende Düfte. Den Beinamen „knotig" erhielt die Pflanze, weil der Wurzelstock buckelig-beulige Strukturen aufweist. Die Knotige Braunwurz braucht feuchte, nährstoffreiche Standorte, egal ob an Waldrändern, Wegen oder Ufern von Bächen. In Bezug auf die Temperatur ist sie nicht empfindlich und steigt daher in Gebirgen bis über 1800 m hoch.

Merkmale:
Blätter lanzettlich, gesägt. Stängel deutlich vierkantig. Blüten braun-violett, übel riechend. Höhe der Pflanze bis 100 cm. Verwechslungsmöglichkeit mit der Geflügelten Braunwurz (*Scrophularia umbrosa*), diese jedoch mit dünnen Leisten auf den Stängeln („Flügeln").

▲ **Eine kleine Ecke im Garten sollte für die Große Brennnessel reserviert bleiben.**

◀ **Auch die grün-braunen Samen sind essbar.**

Große Brennnessel

Urtica dioica | Nesselgewächse

Merkmale:
Stängel bis zu 300 cm hoch, Blätter bis zu 20 cm lang und gesägt, Stängel und Blätter mit Brennhaaren besetzt, Blüte grünlich braun und unscheinbar. Blütezeit Juni bis Oktober.

Die Große Brennnessel ist eine der wehrhaftesten Blütenpflanzen: Sie besitzt Tausende von Brennhaaren, die bei Berührung abbrechen, sich in die Haut bohren und dort schmerzhafte Säuren ablassen. Nicht nur Schmetterlingsraupen mögen die Blätter, sie lassen sich auch für den menschlichen Verzehr aufbereiten. Dazu kann man sie beispielsweise wie Spinat kochen (dann brennen sie auch nicht mehr), als Salatbeilage hinzufügen oder als Tee aufbrühen. Allerdings wirken Brennnesseln stark harntreibend und werden daher besser nicht abends verzehrt. Die Große kann mit der Kleinen Brennnessel (*Urtica urens*) verwechselt werden. Sie wird nur 60 cm hoch, ist im Gegensatz zur großen Schwester nur einjährig und hat kleinere Blätter. In Bezug auf die Verwendung unterscheidet sie sich nicht.

▲ Das Wald-Bingelkraut bildet über Wurzelausläufer große Bestände.

Wald-Bingelkraut

Mercurialis perennis | Wolfsmilchgewächse

Das Wald-Bingelkraut liebt tiefe, schattige Laubwälder und ist somit ein echter Urwaldbegleiter. Wenn der Boden schön feucht ist, kann es große Bestände bilden. Bei Bingelkräutern sind die Geschlechter getrennt: Es gibt männliche und weibliche Pflanzen. Beiden ist ein Blütenstand gemeinsam, der unscheinbare kleine grün-weiße Blüten trägt. Die Blätter an diesem Blütenstängel leuchten kräftig hellgrün und stechen optisch aus der Dunkelheit des Waldbodens hervor. Wald-Bingelkraut wurde schon vor Jahrtausenden medizinisch genutzt, es soll u. a. als Abführmittel wirken. Die Substanzen, die dies bewirken (Saponine), sind allerdings giftig, sodass das Kraut heutzutage nicht mehr verwendet wird.

Merkmale:
Blätter lanzettlich, im Wesentlichen am Blütenstängel, hellgrün, Stängel rund. Blüten klein, in Knäueln, grün-gelb. Verwechslungsmöglichkeit mit dem Einjährigen Bingelkraut (*Mercurialis annua*), dieses jedoch mit vierkantigem Stängel und nicht im Wald wachsend, denn es verträgt keinen Schatten.

▲ **Adlerfarn ist imposant und doch als forstliches Unkraut in Verruf geraten.**

Adlerfarn

Pteridium aquilinum | Adlerfarngewächse

Merkmale:
Wedel hellgrün, gefiedert, bis 2 m hoch. Aufgrund der Größe unverwechselbar. Abgewelkte Wedel bilden im Winter einen beige-braunen Teppich am Boden.

Der Adlerfarn ist der größte heimische Farn. Seine Wedel können über 2 m hoch werden, seine dicken Rhizome mehrere Hundert Jahre alt. Normalerweise kann er im Wald nicht Fuß fassen, doch wenn durch hohe Reh- und Hirschbestände Jungbäume immer wieder weggefressen werden, bekommt er seine Chance. Er entwickelt teils mehrere hundert Quadratmeter große Reinbestände, die jeder anderen Pflanze das Licht nehmen. Welken die Wedel im Winter, so bildet sich aus ihren Überresten eine Mulchschicht, die endgültig jegliche Konkurrenzpflanze erstickt. Dadurch kann der Adlerfarn über lange Zeiträume dasselbe Areal besetzt halten. Ein im Übergang zum Rhizom quer geschnittener Stängel zeigt mit viel Fantasie das Abbild eines Doppeladlers.

▲ **Im Frühjahr entrollen sich die Wedel des Gewöhnlichen Wurmfarns.**

▶ **Sporangien in typischen Zweierreihen auf der Wedelunterseite.**

Gewöhnlicher Wurmfarn

Dryopteris filix-mas | Wurmfarngewächse

Der Wurmfarn gehört zu den häufigsten Waldfarnen. Sein Auftreten weist auf stets feuchte Böden hin (Nässe bekommt ihm jedoch nicht). Ob im dunkelsten Schatten alter Buchenwälder, ob entlang von Waldwegen oder am Rande von Kahlschlägen, der Wurmfarn kommt mit vielerlei Lichtverhältnissen zurecht. Sein Name rührt von der früheren Verwendung der Wurzeln als Wurmkur her. Da die Dosierung schwierig und der Farn grundsätzlich gesundheitsschädlich ist, kam es häufiger zu Vergiftungen bei Mensch und Tier. Bis heute nutzen aber einige Tierhalter diese Pflanze und berichten, dass sich Ziegen oder Kaninchen selbst die notwendige Dosis einverleiben und danach den Wurmfarn wieder meiden. Möglicherweise werden auch wilde Pflanzenfresser auf diese Art und Weise ihre inneren Parasiten los.

Merkmale:
Wedel doppelt gefiedert, Enden der einzelnen Fiederblättchen gerundet, dunkelgrün. Sporenbehälter (Sporangien) in Zweierreihen. Verwechslungsmöglichkeit mit dem Gewöhnlichen Frauenfarn (*Athyrium filix-femina*), dieser jedoch mit hellgrünen und ziemlich weichen Wedeln.

▲ Der Gewöhnliche Dornfarn mag saure Böden.

◀ Namensgebend sind die dornförmigen Enden der Fiederblättchen.

Gewöhnlicher Dornfarn

Dryopteris carthusiana | Wurmfarngewächse

Merkmale:
Wedel hellgrün, Fiederblättchen am Ende mit dornartiger Spitze. Verwechslungsmöglichkeit mit dem Breitblättrigen Dornfarn, dessen Spreublätter (schuppenförmige Blättchen am Stängel) jedoch mit dunkler Mittelrippe.

Der Gewöhnliche Dornfarn ist ein Asket, was Nährstoffe anbelangt: Während der Gewöhnliche Wurmfarn wenigstens durchschnittliche Böden braucht, reichen dem Dornfarn nährstoffarme, saure Standorte. Daher zeigt sein Auftreten entsprechend arme Böden an, auf denen auch der Wald nicht besonders gut wächst. Es gilt zumindest für Buchenwälder die Regel: Überall dort, wo diese Farnart sich wohlfühlt, werden die Bäume kaum höher als 30 m (anstelle der möglichen 40 m). Seinen Namen erhielt dieser Farn wegen der dornartigen Spitzen der Fiederblättchen, die ihn deutlich von anderen Arten unterscheiden – mit Ausnahme des Breitblättrigen Dornfarns (*Dryopteris dilatata*).

▲ Der Name täuscht: Auch unter Fichten fühlt sich der Buchenfarn wohl.

Buchenfarn

Phegopteris connectilis | Sumpffarngewächse

Auf den ersten Blick könnte man den Buchenfarn mit dem Gewöhnlichen Wurmfarn verwechseln – allerdings wirkt er mit durchschnittlich 20 cm Höhe wie eine Miniaturausgabe seines größeren Verwandten. Entgegen seinem Namen kommt er nicht nur in Buchenwäldern, sondern auch in Fichten- und anderen Nadelwäldern vor, da er leicht sauren Boden liebt. In Gebieten mit ergiebigen Niederschlägen kann er seine Stärken ausspielen und große Bestände bilden. Dies ist besonders in Mittel- und Hochgebirgsregionen der Fall, wo er bis 1500 m Höhe zu finden ist. In den Tieflandgebieten Norddeutschlands ist er so selten, dass er dort als gefährdet gilt.

Merkmale:
Wedel mehrfach gefiedert, hellgrün, nicht (wie bei anderen Farnen) einer Rosette entspringend. Die unteren zwei Fiederblättchen bei im Schatten stehenden Exemplaren abwärtsgerichtet. Verwechslungsmöglichkeit mit dem Gewöhnlichen Wurmfarn, dieser jedoch größer, Wedel einer Rosette entspringend.

▲ Der Rippenfarn ist ein Kind des Nordens.

◄ Der Gewöhnliche Tüpfelfarn ist ebenfalls relativ klein.

Rippenfarn

Blechnum spicant | Rippenfarngewächse

Merkmale:
Kleiner Farn mit einfach gefiederten Wedeln, bei Sporen tragenden Wedeln dünne Fiederblättchen. Verwechslungsmöglichkeit mit dem Gewöhnlichen Tüpfelfarn (*Polypodium vulgare*), dieser jedoch nur mit einer Wedelform und mit wechselständigen Fiederblättchen.

Der Rippenfarn ist ein echter Fichtenbegleiter. Was der Baum mag, gefällt auch dem Farn. Ein kühl-feuchtes Klima, wie es in Nordeuropa oder den Hochlagen von 500 bis 2000 m vorkommt, ein saurer Boden – hier kann diese Pflanze gedeihen. Kein Wunder, dass sie sich erst im Rahmen des verstärkten Fichtenanbaus in Mitteleuropa stärker ausbreiten konnte, denn die ursprünglichen Buchenwälder behagen ihr nicht. Der Rippenfarn besitzt zwei unterschiedliche Wedelformen: den ausgebreiteten „Normalwedel“ zur Fotosynthese und den aufrechten „Sporenwedel“. Dieser ist zwar gleich aufgebaut, die Fiederblättchen sind jedoch sehr schmal, sodass die Blattrippe mit ihren Blättchen wie ein Rückgrat mit Rippen wirkt (Name!).

▲ Kühl, schattig, dunkel: ideal für die Hirschzunge.

▶ Die Sporenbehälter sitzen entlang der Blattadern.

Hirschzunge

Asplenium scolopendrium | Streifenfarngewächse

Der Name passt: Die Hirschzunge sieht, abgesehen von der Farbe, tatsächlich wie eine lange, schmale Zunge eines großen Pflanzenfressers aus. Wenn irgendwo eine enge, düstere Schlucht auftaucht, an deren Wänden Rinnsale heruntertröpfeln, in der es kalt und nass ist, dann ist die Hirschzunge oft nicht weit. Sie krallt sich in Spalten fest und genießt die ganzjährige beste Wasser- und Nährstoffversorgung aus den Felsen. Sind dunkle Buchenwälder feucht genug, so kann sie auch schon einmal auf dem Boden wachsen. Aufgrund der Seltenheit solcher Biotope ist dieser Farn ebenfalls nicht weit verbreitet und steht deshalb unter Schutz. Weil die Blattform sehr dekorativ ist, gibt es mittlerweile auch Zuchtformen in Gärtnereien.

Merkmale.
Wedel zungenförmig, ganzrandig, bis 40 cm lang, winterhart/-grün. Sporenbehälter in Strängen unterseits links und rechts von der Mittelrippe angeordnet.

▲ **Ein Gruß aus der Urzeit: Schachtelhalme gibt es schon sehr lange.**

Wald-Schachtelhalm

Equisetum sylvaticum | Schachtelhalmgewächse

Merkmale:
Seitenzweige teilen sich zweigartig auf, sehr filigran, leicht hängend. Stängel hohl, an den Etagen leicht auseinanderziehbar. Sporangien nur am Sprossende. Verwechslungsmöglichkeit mit dem Acker-Schachtelhalm (*Equisetum arvense*), dieser mit unverzweigten Seitenzweigen; er mag es sonnig und warm.

Schachtelhalme sind die letzten Vertreter einer einst artenreichen Gruppe, deren meiste Mitglieder schon vor vielen Millionen Jahren ausstarben. Sie können als lebende Fossilien gelten. Ihr Name bezieht sich auf den stufenförmigen Aufbau des Stängels, dessen einzelne Abschnitte sich herausziehen lassen und wie ineinandergeschachtelt wirken. Der Wald-Schachtelhalm fühlt sich in nass-feuchten Laubwäldern am wohlsten und ist daher in Auwäldern, entlang von Bächen oder Quellen anzutreffen. Trocken-warme Standorte meidet er völlig. Seine zarten und sehr kleinen Blätter stehen in jedem Abschnitt schön waagerecht in einem Quirl ab und geben der Pflanze einen Hauch von Ordentlichkeit.

▲ Der Sprossende Bärlapp ist eine Rarität.
▶ Der Tannen-Bärlapp bildet mit seinen Trieben kleine Gebüsche.

Sprossender Bärlapp

Lycopodium annotinum | Bärlappgewächse

Der Sprossende Bärlapp wird am besten durch seinen Zweitnamen charakterisiert: Schlangen-Bärlapp. Seine Triebe winden sich tatsächlich schlangengleich über den Waldboden und können dabei bis zu 1 m lang werden. Zwischendrin sprießen immer wieder Triebe empor, die Sporangien tragen. Die Standorte müssen schattig, sauer und sehr feucht sein, damit sich diese seltene und unter Schutz stehende Pflanze wohlfühlt. Stimmen die Bedingungen, kann der Bärlapp große Bestände bilden, bei denen die Einzelpflanzen durch das dichte Gewirr an „Schlangen" nicht mehr unterscheidbar sind. Junge Bärlappe wachsen in den ersten Lebensjahren nur unterirdisch. Da sie dabei keine Fotosynthese betreiben können, ernähren sie sich in dieser Zeit mithilfe von Pilzen.

Merkmale:
Blätter klein, spitz, nadelförmig. Sprosse kriechend, davon aufsteigende Seitentriebe bis 30 cm Höhe, an deren Ende Sporangienähre. Verwechslungsmöglichkeit mit dem Tannen-Bärlapp (*Huperzia selago*), dieser jedoch mit Sporangien in den Blattachseln.

▲ Die Flatter-Binse zeigt an, wo der Mensch den Boden verdichtet hat.

Flatter-Binse

Juncus effusus | Binsengewächse

Merkmale:
Stängel schnittlauchartig rund, glänzend, glatt, dicht aus Horsten sprießend. Blüten hellbraun, sitzen an kurzen, verzweigten Stielen. Verwechslungsmöglichkeit mit der Knäuel-Binse (*Juncus conglomeratus*), deren Blüten jedoch kugelig am Stängel sitzen.

Die Flatter-Binse wächst gerne da, wo es Bäume besonders schwer haben. Verdichtete Böden, die kaum Wasser in tiefere Schichten versickern lassen, behagen ihr sehr. Hier lässt schon ein starker Gewitterschauer ein Feuchtgebiet entstehen, welches allerdings nach 1 bis 2 Wochen Sonnenschein bereits wieder austrocknet. Wechselfeucht nennen wir solche Standorte, und sie bilden sich heutzutage nicht nur natürlich. Die großen Forstmaschinen pressen das Erdreich beim Überfahren so zusammen, dass einst wunderbar lockere Böden zu diesen wasser- und luftundurchlässigen „Badewannen“ werden. Hier fühlt sich die Flatter-Binse pudelwohl und zeigt dabei zuverlässig jede maschinelle Arbeit im Wald noch nach Jahrzehnten an.

▲ Die Wald-Hainsimse ist ein Sündenbock für fehlenden Baumnachwuchs.

Wald-Hainsimse

Luzula sylvatica | Binsengewächse

Der Wald-Hainsimse sehen wir ihre Verwandtschaft mit den Binsen nicht an. Sie braucht zwar feuchten Boden, Nässe bekommt ihr dagegen nicht. Im Gebirge steigt sie bis über die Baumgrenze, und wo es ihr gefällt, bildet sie große, rasenartige Bestände. Diese sind oft so dicht, dass Jungbäume kaum hindurchwachsen können. Kommen noch überhöhte Wildbestände hinzu, die vor allem den Laubbaumnachwuchs vertilgen, dann wird diesem Gras gerne der Schwarze Peter für die ganze Misere zugeschoben – oft zu Unrecht. Den Samentransport überlässt die Wald-Hainsimse am liebsten Ameisen. Damit sie dies willig machen, hängt an jedem Körnchen ein kleines Nährstoffpaket.

Merkmale:
Blätter dunkelgrün, glänzend, breit und (vor allem die unteren) am Rand behaart. Blüten braun, an verzweigten Stielen. Verwechslungsmöglichkeit mit der Busch-Hainsimse (*Luzula luzuloides*), diese jedoch mit weißen Blütenblättern.

▲ Wo schwere Forstmaschinen fahren, wächst oft die Wald-Segge.

Wald-Segge

Carex sylvatica | Sauergräser

Merkmale:
Blätter immergrün, mehrfach gekielt (im Querschnitt adlerartig). Halme dreikantig, Blüten ährenartig am Halmende. Verwechslungsmöglichkeit mit der Großen Segge (*Carex atherodes*), diese jedoch mit fuchsschwanzartigen Blüten; sie wird fast dreimal so groß (bis 150 cm).

Die Wald-Segge fühlt sich auf verdichteten Böden am wohlsten. Das können natürliche Formationen sein, aber auch Fahrspuren von Maschineneinsätzen. Bei einer Wanderung finden wir sie am leichtesten entlang von Waldwegen, die ja ebenfalls sehr fest und undurchlässig sind. Im Winter lässt sie sich besonders gut entdecken, da sie kaum abwelkt und grün bleibt. Grundsätzlich lassen sich Seggen gut am Querschnitt eines abgeschnittenen Blattes erkennen: Er sieht aus wie ein Adler, der mit leicht abgeknickten Flügeln fliegt. Die Bestäubung erfolgt wie bei vielen Gräsern durch den Wind, weshalb die Wald-Segge keine auffälligen Blüten hat – diese Mühe kann sie sich sparen.

▲ Das Hain-Rispengras weist auf günstige Bedingungen für Buchennachwuchs hin.

Hain-Rispengras

Poa nemoralis | Süßgräser

Das Hain-Rispengras gilt als typischer Buchenwaldbegleiter. Überall dort, wo es ein wenig lichter ist, kann dieses Süßgras Fuß fassen. Das geht aber nur in Wäldern, in denen gewirtschaftet wird, denn das Hain-Rispengras ist wärmeliebend und braucht demnach hin und wieder Sonne. In den ursprünglichen wilden Wäldern war das nur sehr selten gegeben. Aus diesem Grund war dieses Gras eher in den in Mitteleuropa kaum vorhandenen Eichen-Hainbuchenwäldern, also trocken-warmen Waldtypen, zu finden. Die waagerecht abstehenden Blätter scheinen in eine bestimmte Richtung zu deuten. Daher lautet der Trivialname auch „Wegweisergras". Auf einen Weg deutet es zwar nicht, oft aber auf Jungbuchen, die im warmen Halbschatten bestens gedeihen.

Merkmale:
Blätter dunkelgrün, oft waagerecht abstehend. Blüten in großen Rispen, locker bestanden. Halme in dichten Horsten.

▲ **Zittergras braucht viel Licht und profitiert daher von Kahlschlägen.**

Gewöhnliches Zittergras

Briza media | Süßgräser

Merkmale:
Blätter glatt, am Rand rau. Ähren in Herzform, bei Berührung oder Wind zitternd (Name!). Höhe bis 100 cm.

Das Zittergras ist keine Waldart – eigentlich, denn es braucht magere Böden und viel Licht. Letzteres ist in ursprünglichen Wäldern aber Mangelware. Durch die Forstwirtschaft mit ihren Kahlschlägen und Auflichtungen hat es jedoch neue Lebensräume gefunden – das ist zumindest für diese Grasart positiv. Auf den Wiesen, der ehemaligen Heimat für das Zittergras, hat durch die moderne Hochleistungslandwirtschaft nur noch ein „Gräser-Einheitsbrei" eine Überlebenschance. Gülle und Mineraldünger haben die meisten Wiesen so mit Nährstoffen überfrachtet, dass Asketen wie das Zittergras vielerorts schon völlig verdrängt wurden. Daher finden wir diese hübsche Pflanze, deren herzförmige Ährchen beim leisesten Windhauch zittern, heute eher in den Rückzugsgebieten am Waldrand.

▲ Die Draht-Schmiele ähnelt grünem Blumendraht.

Draht-Schmiele

Deschampsia flexuosa | Süßgräser

Die Draht-Schmiele ist eine Spezialistin: Für sie dürfen es gerne besonders saure, nährstoffarme Standorte sein. Diese gab es in den ursprünglichen Buchenurwäldern kaum. Im Zuge der Plantagenwirtschaft mit Nadelbäumen ändern sich jedoch die Bodenbedingungen radikal. Die abfallenden Nadeln von Fichten und Kiefern bilden dichte, saure Bodenpolster. Kommt nun über Durchforstung oder Kahlschlag viel Licht hinzu, findet die Drahtschmiele optimale Bedingungen. Hier kann sie tief wurzeln und große Bestände bilden. Daher gilt sie mittlerweile als klassischer Begleiter lichter, an Arten verarmter Fichtenwälder. Die zusammengerollten Blätter erinnern an Blumendraht und fühlen sich leicht ölig an.

Merkmale:
Blätter dunkelgrün, in der prallen Sonne auch rötlich, drahtartig zusammengerollt, bis 20 cm lang. Stängel der Rispen locker, Ährchen zierlich und locker aufgebaut.

▲ **Das Land-Reitgras ist ein guter Problemzeiger.**

Land-Reitgras

Calamagrostis epigejos | Süßgräser

Merkmale:
Blätter grün mit Blaustich, breit, scharfkantig. Stängel bis über 150 cm hoch. Ähren in Rispen, sehr dicht und rund 10 cm lang, Stängel durch das Gewicht oft zur Seite gebogen.

Das Land-Reitgras gilt unter Förstern als gefürchtetes Unkraut. Auf Kahlschlägen erobert es rasch die ganze Fläche und erstickt mit seinem dichten Filz jeglichen Wuchs von Jungbäumen. Zudem bietet es Mäusen Unterschlupf, die anschließend noch die letzte Wurzel einer Jungeiche oder -buche abfressen. „Gras – Maus – Aus", so lautet der treffende Spruch. Dabei zeigt das Land-Reitgras neben guten Böden eigentlich nur Fehlentwicklungen durch menschliche Eingriffe auf, denn in den Urwäldern konnte diese Steppenart nie wachsen. Erst infolge der Kahlschlagswirtschaft, gepaart mit extrem hohen Wildvorkommen wurden die Bedingungen für das Land-Reitgras so günstig, dass es sich ungebremst ausbreiten konnte. Daher kann es als Zeiger für naturferne Wirtschaft gelten.

▲ Wolliges Honiggras breitet sich bei hohen Wildbeständen im Wald aus.

Wolliges Honiggras

Holcus lanatus | Süßgräser

Wenn weiches Gras sich im Wind biegt und zu einem Picknick auf einer Waldlichtung einlädt, dann ist es oft das Wollige Honiggras. Wie die meisten Gräser ist es eine Steppenart und nur neben Bäumen zu finden, weil unsere Wälder stark bewirtschaftet werden und durch ständige Baumfällungen viel Licht auf den Boden fällt. Da es wegen seiner samtigen Behaarung Pflanzenfressern nicht besonders gut schmeckt, kann es sich bei hohen Wildbeständen anstelle von jungen Laubbäumen stark ausbreiten. Schon von weitem sehen wir daher auf etlichen Kahlflächen im Wald die rötlichen Rispen, die in großen Beständen viele Flächen verzaubern. In Wahrheit signalisieren sie im Verbund mit anderen für Rehe unattraktiven Pflanzen eine ökologische Misere. Der Geschmack des Grases soll übrigens an Honig erinnern – wie stark, kann jeder selbst ausprobieren.

Merkmale:
Blätter blaugrün, weich behaart. Rispen rötlich, weich. Höhe bis 100 cm. Verwechslungsmöglichkeit mit dem selteneren Weichen Honiggras (*Holcus mollis*), dieses jedoch schwächer und nur auf den Knoten behaart.

▲ Das Wald-Flattergras liebt die Gesellschaft von Laubbäumen.

Wald-Flattergras

Milium effusum | Süßgräser

Merkmale:
Blätter blaugrün, unbehaart, breit und bis zu 30 cm lang. Stängel bis 100 cm hoch, Blüten in lockeren Rispen. Relativ große, eiförmige Früchte (2 mm).

Das Wald-Flattergras, auch Waldhirse genannt, ist das Waldgras schlechthin. Wo sich Buchen und andere Laubbäume wohlfühlen, da ist es zu Hause. Gewiss wird auch dieses Gras durch die Forstwirtschaft gefördert, da es mehr Licht braucht, als in einem dichten Urwald zu Füßen der Stämme zu finden wäre. Dort war es einst auf die wenigen Stellen, an denen ein einzelner Baum kurz zuvor zu Boden stürzte, beschränkt. In Wirtschaftswäldern mit regelmäßigen Durchforstungen gibt es viel mehr solcher „Lichtinseln". Dennoch ist es ein typischer Laubwaldbegleiter geblieben. Sein Vorkommen zeigt nährstoffreiche Böden mit einer guten Humusschicht an. Weicht der Laub- einem Nadelwald, wird durch die herabfallenden Nadeln das Erdreich zu sauer, dann verschwindet diese Pflanze.

▲ Optisch ähneln die Rispen des Pfeifengrases tatsächlich Pfeifenputzern.

Gewöhnliches Pfeifengras

Molinia caerulea | Süßgräser

Das Gewöhnliche Pfeifengras mag es gerne nass und sauer. Damit sind für diese Pflanze Moorrandgebiete ideal. Abseits der Moore gilt das Pfeifengras als Grundwasserzeiger, das dann fast bis zur Oberfläche reicht. Es dürfen aber auch entsprechende feuchte Standorte in Laubwäldern sein, in denen von Natur aus immer wieder saure Bodenpartien zu finden sind. Da Fichtenwälder in der Vergangenheit häufig auf nassen Wiesen gepflanzt wurden und diese durch die herabrieselnden Nadeln versauerten, hat sich dort ein weiteres großräumiges Biotop für das Pfeifengras gefunden. Hier kann es vor allem Kahlschläge dicht und filzartig überwuchern, sofern Rehe und Hirsche aufkeimende Bäumchen abfressen.

Merkmale:
Stängel aus Horsten sprießend, verfärben sich im Herbst gelb. Stängel bis 100 cm hoch. Blüten violett, dicht am Stängel sitzend.

▲ **In vielen Wäldern zu Hause: das Schöne Widertonmoos.**

Schönes Widertonmoos

Polytrichastrum formosum | Laubmoose

Merkmale:
Blättchen dunkelgrün, spitz zulaufend, waagerecht vom aufrechten Stängel abstehend. Sporenkapsel an gelbrotem, bis zu 8 cm langem Stängel.

Ohne Moos nichts los – dieser Spruch müsste auf das Schöne Widertonmoos zugeschnitten werden: Denn wenn wir sonst nichts finden, dieses Moos ist fast in jedem Wald zur Stelle. Ein leicht saurer Boden, viel Schatten, keine großen Ansprüche an die Feuchtigkeit des Erdreichs, solche Verhältnisse finden sich praktisch überall. Nur wenn Kalk ins Spiel kommt, ist das Schöne Widertonmoos verschwunden. Die Fähigkeit, auch unter dunklen Buchen zu überleben, zeigt klar, dass diese Pflanze bereits in den alten Urwäldern gut zurechtkam. Der Name rührt aus vergangenen Zeiten, als das Moos zur Abwehr gegen Hexen und bösen Zauber gebraucht wurde: Widerton = Wider tun. Wegen seiner enormen Quellfähigkeit wurde getrocknetes Widertonmoos auch zur Abdichtung von Booten oder Holzhäusern verwendet.

▲ Das Wellige Katharinenmoos speichert Wasser wie ein Schwamm.

Welliges Katharinenmoos

Atrichum undulatum | Laubmoose

Wie viele andere Moose auch, vermag das Wellige Katharinenmoos das bis zu 20-fache des Eigengewichts an Wasser zu speichern. Damit nimmt es den Bäumen und dem Boden einiges an Niederschlägen weg. In Fichtenwäldern kann dies schädlich sein, denn in den Kronen der Nadelbäume bleibt bereits fast ein Drittel allen Regenwassers hängen und verdunstet wieder ungenutzt. In natürlichen Laubwäldern hingegen, wo zumindest die Winterniederschläge im laublosen Zustand komplett zu Boden fallen, spielt dies kaum eine Rolle. Hier kommt etwas anderes zum Tragen: Das schwammartig wirkende Moos ist mit seinem Wasserspeicher ein eigenes Ökosystem für Hunderte von Arten wie etwa die Hornmilben.

Merkmale:
Blättchen dunkelgrün, glänzend, waagerecht vom aufrechten Stängel abstehend, nur in trockenem Zustand wellig/knittrig. Sporenkapseln auf rötlichen Stängeln.

▲ **Nicht einmal Trockenperioden können dem Sumpf-Torfmoos etwas anhaben.**

Sumpf-Torfmoos

Sphagnum palustre | Laubmoose

Merkmale:
Blättchen blassgrün, teilweise hellbraun, sehr weich, stets feucht. Meist größere zusammenhängende Bestände. Getrocknet sehr blasses Grün.

Torfmoose sind, wie der Name schon andeutet, an der Bildung von Torf beteiligt und somit eindeutig Moorbewohner. Das Sumpf-Torfmoos kann dort zwar auch leben, bevorzugt aber Wälder mit feuchten Gräben. Im Gegensatz zu anderen Moosen braucht es viel Wasser und liebt saure, ganzjährig feucht-nasse Böden. Mittlerweile sind solche Standorte durch jahrhundertelange Trockenlegung vielerorts verschwunden, das Sumpf-Torfmoos jedoch nicht. Es siedelt nun in Ersatzhabitaten, etwa Entwässerungsgräben oder den nassen Fahrspuren der Forstmaschinen. Trockenperioden kann dieses Moos überstehen, indem es doppelt so viel Wasser speichert wie andere Arten: Das bis zu 40-fache des eigenen Gewichts vermag es in seinen Zellen einzulagern.

▲ Wie kleine Kranichköpfe lugen die gebogenen Sporenkapseln hervor.

Gewöhnliches Gabelzahnmoos

Dicranum scoparium | Laubmoose

Das Gewöhnliche Gabelzahnmoos, auch Sichelmoos genannt, macht es seinem Betrachter meistens einfach: Die Blättchen sind gekrümmt wie eine Sichel, und schon ist alles klar. Leider nicht immer, denn das Moos wächst manchmal auch mit geraden Blättchen. Glücklicherweise sind solche Abweichungen eher selten. Der Name „Gabelzahnmoos" ist leicht irreführend. Zwar sind die Blätter spitz wie Eckzähne, allerdings gabeln sie sich nicht. Die Bezeichnung rührt vielmehr von den Stängeln her, die sich manchmal in zwei Triebe aufteilen. Das Gewöhnliche Gabelzahnmoos überzieht oft in großen Polstern Baumstümpfe und Steine. Es wächst meist in Laubwäldern, aber auch unter Fichten und Kiefern, sofern die Bestände nicht zu dunkel sind. Lediglich bei zu viel Kalk im Boden muss es aufgeben.

Merkmale:
Blättchen dunkelgrün, glänzend, spitz auslaufend, meist gekrümmt. Stiele der Sporenkapseln rotbraun, Kapsel oberseits gewölbt.

▲ **Das Weißmoos ist aus dicht an dicht gedrängten Stängeln aufgebaut.**

Weißmoos

Leucobryum glaucum | Laubmoose

Merkmale:
Blättchen hell blaugrau. Pflanze bildet dichte, scharf abgegrenzte Polster, diese innen sehr hell bis weiß. Selten fruchtend, dann Sporenkapseln an bis zu 7 cm langen Stielen.

Das Weißmoos wird aufgrund seines Aussehens auch Ordenskissen genannt: Es präsentiert sich als kuschelig-samtiges, sauber abgegrenztes Polster. Dieses Polster ist so gleichmäßig und dicht, dass wir die separaten Stängel nicht unterscheiden können. Erst wenn wir es auseinanderbrechen, sehen wir die einzelnen Bestandteile, die im Inneren weiß sind (Name!). Die helle, blaugraue Farbe hebt es deutlich von anderen Moosen ab. Das Weißmoos ist ein Asket. Es kommt auf völlig ausgelaugten, sehr sauren Böden vor. Solche Biotope finden sich häufig auf Fels, auf vom Wind ausgehagerten Kuppen oder in Steilhängen, wo der Regen die fruchtbare Krume weggewaschen hat. Auch Nadelwälder auf nährstoffarmen Standorten, die durch die Nadelstreu noch zusätzlich versauert und geschwächt werden, kann das Weißmoos besiedeln.

▲ Das Purpurstielige Hornzahnmoos zeigt hier schön seinen Namensursprung.

Purpurstieliges Hornzahnmoos

Ceratodon purpureus | Laubmoose

Das Hornzahnmoos oder auch Purpurmoos ist ein Tausendsassa – es wächst einfach überall. Asien, Europa, Afrika, nirgendwo fehlt es. In Bezug auf den Boden ist es nicht wählerisch, wie die Kleinbiotope zeigen, in denen es zu finden ist. Wälder mit wenig Kalk im Erdreich gehören ebenso dazu wie Heideflächen und Wiesen. Selbst Felsen oder alternativ Hausdächer werden besiedelt. Hauptsache, das Moos kann sich irgendwo festhalten. Das Hornzahnmoos ist oft schon von weitem zu erkennen, da es rotbraun getönt ist. Das liegt an den entsprechend gefärbten Stielen der Sporenkapseln, die das Moos dicht an dicht ausbildet, und die die darunter liegenden grünen Blättchen fast verdecken.

Merkmale:
Blättchen hellgrün, zugespitzt, mit leicht umgerolltem Rand. Stiele der Sporenkapseln rotbraun gefärbt, bis 3 cm hoch, oft dicht an dicht sprießend.

▲ Das Wellige Sternmoos reagiert sehr empfindlich auf Trockenheit.

Welliges Sternmoos

Plagomnium undulatum | Laubmoose

Merkmale:
Obere Blättchen glänzend, hellgrün, gewellt, bis 2 mm breit und 15 mm lang. Stiele der Sporenkapseln gelbrot, Kapseln lampenförmig gebogen. Sporenkapseln nur aus Stängeln mit breiten, sternförmig angeordneten Blättern sprießend.

Das Wellige Sternmoos leuchtet Waldwanderern mit kleinen, grünen Sternen entgegen. Sie sitzen wie winzige Palmen am Ende der Triebe, die etwas unscheinbarer beblättert sind. Das dünne, zarte Gewebe deutet schon an, wie empfindlich das Moos auf Trockenheit reagiert. Daher ist es in feuchten Wäldern, besonders gerne im Umfeld von Quellen, zu finden. Die palmenartigen Triebe sind auch diejenigen, aus denen die Sporenkapseln sprießen. Insofern gleichen die grünen Sterne Blütenblättern bei Blumen, haben hier aber keine derartige Funktion (nämlich das Anlocken von Insekten). Da es kaum andere Moose mit solch großen Blättern gibt, ist es leicht zu identifizieren.

▲ Das Zypressen-Schlafmoos ähnelt den Zweigen der namensgebenden Bäume.

► Seitlich entspringende Sporenkapseln des Zypressen-Schlafmooses.

Zypressen-Schlafmoos

Hypnum cupressiforme | Laubmoose

Das Zypressen-Schlafmoos verdankt seinen Namen der Ähnlichkeit seiner Blätter und Zweige mit den Trieben von Zypressen. Der zweite Namensbestandteil beruht auf der früheren Verwendung des Mooses als Füllung für Bettzeug. Es bildet dichte Rasen aus, bleibt dabei im Gegensatz zu anderen Moosen mit seinen Trieben aber immer flach am Boden. Die kleinen, eng anliegenden Blättchen glänzen in feuchtem Zustand. Heben wir sie vom Erdreich ab, so zeigt sich, dass sie unterseits wie Katzenkrallen aussehen, mit denen sich die Triebe untereinander verhaken. Das Zypressenmoos lässt seine Sporenkapseln im Gegensatz zu vielen anderen Arten seitlich aus den Trieben entspringen, sodass die Kapseln waagerecht abstehen.

Merkmale:
Blättchen eng an Trieben anliegend, sehr kurz (2 mm), zypressenähnlich, glänzend. Stiele der Sporenkapseln entspringen seitlich aus den Trieben, um 2 cm lang.

▲ **Etagenmoos: Von der Seite lassen sich die Etagen gut erkennen.**

Etagenmoos

Hylocomium splendens | Laubmoose

Merkmale:
Blättchen dunkel-olivgrün, glänzend, ähnlich einem Farnwedel an Ästchen. Etagenförmiger Aufbau durch Jahrestriebe, die den Vorjahresästchen entspringen.

Das Etagenmoos ist in Bezug auf sein Alter nicht eitel: Es lässt jeden, der es wissen möchte, nachzählen. Aus dem Rücken eines farnwedelartigen Zweigs entspringt im kommenden Jahr ein neuer Zweig, auf diesem im Jahr darauf ein weiterer und so fort. Ausgezupft sieht das Gebilde von der Seite geschichtet aus, jede Etage repräsentiert dabei ein Jahr. Seine nordische Vorliebe zeichnet sich in der Besiedlung selbst höchster Lagen über 3000 m ab, wobei es ab und an auch im Tiefland zu finden ist. Die Sympathie für saure Böden wird nur stellenweise in Laubwäldern, am besten jedoch in Fichten- und Kiefernwäldern erfüllt, sodass das Etagenmoos ein weiterer Profiteur der aktuellen Nadelholzforstwirtschaft ist.

▲ Sauber frisiert: das Zweizähnige Kammkelchmoos.

Zweizähniges Kammkelchmoos

Lophocolea bidentata | Lebermoose

Das Zweizähnige Kammkelchmoos ist ein bleicher Geselle. Mit seiner blass gelbgrünen Farbe schlängelt es sich auf dem Boden oder auf morschem Holz dahin und ist nicht besonders anspruchsvoll. Ob Wälder oder Wiesen, ob feucht oder eher trocken, es wächst unauffällig, oft sogar zwischen anderen Arten, vor sich hin. Selbst in Gärten ist es anzutreffen und macht sich hier im Rasen breit, was so manchen Besitzer veranlasst, es mittels Vertikutierer wieder hinauszuwerfen. Das wäre eigentlich nicht nötig, denn dem Gras kann dieses kriechende Moos kaum Konkurrenz machen. Wird nicht zu oft gemäht, ist es dem Kammkelchmoos schnell zu dunkel. Im Vergleich zu seinen Mooskollegen wirkt es recht ordentlich. Seine Blättchen wachsen in Reihen links und rechts der Stängel.

Merkmale.
Blättchen blass gelbgrün, deutlich zweigespitzt endend, gescheitelt entlang der Zweige. Sporenbehälter an durchsichtigen Stängeln. Verwechslungsmöglichkeit mit dem Verschiedenblättrigen Kammkelchmoos (*Lophocolea heterophylla*), dieses jedoch dunkler, Blätter ungleichmäßiger geformt.

▲ **Ausnahmetalent: Die Gelbflechte besiedelt einfach alles, was fest ist.**

Gelbflechte

Xanthoria parietina | Blattflechten

Merkmale:
Sehr flache Lager mit schüsselförmigen Fruchtkörpern (Apothecien). Farbe feucht grün bis bräunlich, meist aber leuchtend orangegelb. Fruchtkörper meist tieforange.

Die Gelbflechte möchte sich abheben: Während Verwandte in schlichtem Graugrün daherkommen, färbt sie sich von grün über bräunlich bis hin zu leuchtend gelb und orange. Sie ist keine typische Waldart, aber trotzdem an lichten Stellen und Waldrändern vielfach zu finden. In Bezug auf ihren Standort ist sie wenig wählerisch: Neben der Rinde lebender Bäume und abgestorbenen Stämmen besiedelt sie gerne Steine, Beton, Dachziegel und selbst Blech. Auch die Höhenlagen spiegeln ihre Vielseitigkeit wider, denn sie ist von der Küste bis in das Gebirge zu finden. Viele Flechten reagieren auf Kalk oder Luftverschmutzung äußerst empfindlich. Die Gelbflechte mochte den Sauren Regen nicht, profitiert aber heute von der Luft-Eutrophierung (Nährstoffeintrag) und breitet sich stark aus.

▲ Die sehr seltene Echte Lungenflechte braucht uralte Laubwälder.

Echte Lungenflechte

Lobaria pulmonaria | Blattflechten

Die Echte Lungenflechte ist heute eine absolute Rarität und darum streng geschützt. Sie war einst weit verbreitet, kommt aber nun wegen Luftverschmutzung, Lebensraumzerstörung und intensiver Forstwirtschaft nur noch in ganz wenigen Wäldern vor. Sie siedelt am liebsten auf der rauen Rinde von alten Laubbäumen, wie etwa Ahorn oder Esche, aber auch auf betagten Buchen. Da die Bäume durch eine fast vollständige Nutzung aller Wälder Mitteleuropas nicht mehr die zweite Lebenshälfte erreichen, hat diese langsam wachsende Flechtenart kaum noch genügend Zeit, um sich zu vermehren. Um ihr zu helfen, sollten dringend weitere Schutzgebiete in alten Laubwäldern eingerichtet werden. In früheren Jahrhunderten wurde die Lungenflechte als vermeintliches Heilmittel gegen Lungenleiden eingesetzt, weil sie diesem Organ ähnlich sieht.

Merkmale:
Unregelmäßig gebuchtetes blattförmiges Lager mit Vertiefungen, an Lungenbläschen erinnernd. Kann deutlich über handtellergroß werden.

▲ **Das Auftreten der Blasenflechte ist kein Hinweis auf gute Luft.**

Blasenflechte

Hypogymnia physodes | Laubflechten

Merkmale:
Flaches, blattartiges Aussehen mit geweihförmigen Verzweigungen. Farbe graugrün, matt. Oft auf Zweigen oder rauer Rinde (z. B. Eichen).

Flechten wird nachgesagt, Anzeiger für eine gute Luftqualität zu sein. Grundsätzlich ist dies richtig. Die Blasenflechte bildete lange eine Ausnahme. Als schon die meisten anderen Kolleginnen ins Nirwana entschwunden waren, weil Abgase die Luft verpesteten, harrte die Blasenflechte weiter tapfer aus. Selbst den Sauren Regen hat sie vielerorts stur ausgesessen, weil ihr ein wenig Säure sogar gefällt. Kein Wunder, dass sie zu den häufigsten Flechtenarten in Mitteleuropa zählt. Nun aber wird es auch ihr zu viel: Die zunehmende Eutrophierung, also den Nährstoffeintrag aus der Luft, verträgt sie nicht gut. Darum ist auch sie nun auf dem Rückzug. Als Unterlage nimmt sie gerne Stämme, Äste oder herumliegendes Holz, es dürfen aber auch Steine sein. Ihre Nährstoffe filtert sie aus dem Regenwasser.

▲ Die Scheiben-Bartflechte braucht saubere Luft und ist deshalb sehr selten geworden.

Schelben Bartflechte

Usnea florida | Bartflechten

Die meist aufrecht wachsende Scheiben-Bartflechte zeigt im Gegensatz zur Blasenflechte die Luftqualität an: Je besser die Bedingungen, desto buschiger wird der „Bart". Allzu oft können Wanderer dies allerdings nicht beobachten, denn die Scheiben-Bartflechte ist sehr selten geworden. Zudem kommt sie nur in höheren Mittelgebirgslagen regelmäßig vor, was ihr Auftreten zusätzlich einschränkt. Über ihre großen, scheibenförmigen Fruchtkörper ist sie gut zu erkennen. Am liebsten siedelt sie auf sauren Untergründen, etwa der Baumrinde von Eiche, Ahorn, Vogelbeere, gerne auch Buche, während Nadelhölzer nur selten bewachsen werden. Da sie viel Licht braucht, sind bewirtschaftete Wälder oder von Natur aus lückige Bestände günstig.

Merkmale:
Verzweigungen graugrün, rund, Mark weiß. Zahlreiche scheibenförmige Fruchtkörper (Apothecien).

▲ **Das Isländische Moos dient als Nahrung für Rentiere.**

Isländisches Moos

Cetraria islandica | Strauchflechte

Merkmale:
Verzweigungen braungrün, in Geweihform, um 1 cm breit, ausgedehnte Bestände bildend. Nur sehr selten Fruchtkörper; Vermehrung erfolgt vegetativ über Zerstückelung.

Das Isländische Moos ist entgegen seinem Namen eine Flechte. Sie wächst in Form kleiner Hirschgeweihe und kann ausgedehnte Bestände bilden. Ihre Vorlieben zeigen, wo sie hauptsächlich zu Hause ist: in den nordischen Nadelwäldern. Überall dort, wo es bei uns skandinavische Verhältnisse gibt, können wir sie finden: kalte Höhenlagen sowie saure Fichten- und Kiefernwälder. Wie viele andere erdbewohnende Flechten kommt sie auf nährstoffarmen, sauren Böden, am Rande von Blockhalden und an felsigen Stellen vor. Den Samen (den Rentierzüchtern Skandinaviens) dient sie als Winterfutter für ihre Herden, bei uns wurde die Flechte in Notzeiten zerrieben dem Brotmehl beigemischt. Das ist bis heute ein (nicht besonders schmackhafter) Geheimtipp für Survival-Fans. Vor allem aber wird sie als schleimlösende Heilpflanze eingesetzt.

▲ Die Rentierflechte wächst sehr langsam und braucht darum alte Wälder.

Rentierflechte

Cladonia rangiferina | Strauchflechte

Die Rentierflechte kann in Bezug auf Verbreitung und Verwendung als Schwester des Isländischen Mooses gelten. Auch sie gilt als wichtige Rentiernahrung, auch sie wurde in Notzeiten zum Brotbacken verwendet (und schmeckt dabei genauso schlecht). Ihre Form erinnert tatsächlich an kleine Rentiergeweihe, die schlanker und verzweigter als Hirschgeweihe sind. Während sie bei uns keine wirtschaftliche Rolle spielt, ist sie für die nordischen Rentierzüchter überlebenswichtig. In deren Lebensraum werden diese Flechten immer knapper, da sie sehr langsam wachsen und da im Rahmen der verstärkten Holznutzung mehr und mehr alte Wälder verschwinden.

Merkmale:
Verzweigungen weißgrün, innen hohl, Form einem Rentiergeweih ähnlich. Bildet ausgedehnte Bestände. Nur selten mit Fruchtkörpern.

▲ Eine der wenigen bunten Flechtenarten: die Streichholzflechte.

Streichholzflechte

Cladonia floerkeana | Strauchflechten

Merkmale:
Verzweigungen aufrecht stehend, kaum verzweigt, rau, graugrün. Fruchtkörper orangerot. Wächst auf humushaltigem Sand, torfigen Böden und morschem Holz.

Wenn scheinbar lauter kleine Streichhölzer aus der Erde ragen, dann kann es die Streichholzflechte sein, auch Flörkes Säulenflechte genannt. An ihren winzigen Verzweigungen bilden sich rote Fruchtkörper. Im Bereich von Wäldern kommt die Streichholzflechte auf felsigen Stellen vor, da sie lichte Standorte und nährstoffarme oder flachgründige Böden benötigt, um sich gegen die kräftigeren, viel schneller wachsenden Blütenpflanzen zu behaupten. In Bezug auf die Farbe ist sie der Paradiesvogel unter den Flechten, da kaum eine andere Art optisch so auf sich aufmerksam macht. Die roten Fruchtkörper enthalten Pilzsporen – Flechten sind ja eine Kombination aus Algen und Pilzen. Treffen diese Sporen in der Umgebung auf Algen, verbinden sich beide zu einer neuen Flechte.

▲ Die Trompetenflechte zieht heimlich in unsere Gärten ein.

Trompetenflechte

Cladonia fimbriata | Strauchflechten

Die Trompetenflechte sieht aus wie eine grün bestäubte, stehende Miniaturtrompete. Sie mag es sauer und ist nicht selten an versauerten Wegböschungen, am Grunde bemooster Baumstämme und auf verrottenden Stümpfen zu finden. Auch auf dem Boden lichter Wälder wächst sie, und selbst in halbwilden Gärten taucht sie regelmäßig auf. Kalk dagegen meidet sie meist. Die staubig aussehende Oberfläche besteht aus kleinen Vermehrungskörpern, die immer wieder abfallen und von Luftströmungen oder kleinen Insekten wie Ameisen oder Springschwänzen fortgetragen werden. Mit deren Hilfe kann sich die Flechte vegetativ vermehren, also ungeschlechtlich Ableger bilden.

Merkmale:
Verzweigungen graugrün, trichterförmig, mit breiter Endfläche, um 2 cm hoch. Oberfläche aus mehligen Soredien (Vermehrungskörpern) bestehend.

Hinter den Kulissen

Ein Buchenurwald ist das Sinnbild der Langsamkeit. Kleine Bäume wachsen hier nur wenige Millimeter pro Jahr, und größere Veränderungen gibt es über viele Jahrhunderte hinweg nicht.

Wald ist ein natürliches, ungeheuer komplexes Ökosystem. Ursprünglich breitete sich in Europa auf einem Großteil der Fläche ein Urwald aus, in dem die Rot-Buche dominierte. Sie bildete stabile Systeme, in denen über die Jahrhunderte kaum Veränderungen auftraten. Waldbrände? Unbekannt! Große Sturmwürfe? Gab es nicht! Lediglich einzelne Bäume starben hier und da ab, selten auch einmal vom Blitz oder Sturm gefällt. Ansonsten herrschte am Boden ständiges Dämmerlicht, war es unter dem dichten Blätterdach windstill und sehr feucht. Und es passierte – nichts. Oder zumindest nur sehr wenig, denn das Motto eines Urwaldes ist die Langsamkeit.

Mutterbäume lassen nur 3 % des Sonnenlichts auf den Boden, und das ist für den Nachwuchs von Buche und Co. viel zu wenig. Nur ein paar Millimeter pro Jahr können die Kleinen wachsen, und damit sie nicht ihr Leben aushauchen, werden sie über Wurzelverwachsungen von ihren Eltern mit Zuckerlösung ernährt. Die Langsamkeit hat ihren Sinn: Die Bäumchen bilden mit den winzigen Jahresringen ein dichtes, zähes Holz. Pilze können dieses kaum besiedeln und in Stürmen biegen sich solche Stämme, anstatt spröde zu splittern und zu brechen. Auch die Altbäume stehen in ständigem Kontakt untereinander. Wird etwa einer von ihnen von Insekten befallen, so warnt er die anderen über seine Wurzeln oder den Ausstoß eines Warngases vor. Daraufhin können sich die Kollegen vorbereiten, lagern Abwehrstoffe in Rinde und Blätter ein, um die Angreifer abzuwehren. Um diese Baumgemeinschaft herum brummt das Leben. Hier finden Tausende von Tierarten ihre Heimat, hier wachsen ungezählte Pilze und lichtscheue Blütenpflanzen. Doch eines mögen sie alle nicht: Veränderungen. Und bis vor 2000 Jahren gab es diese auch nicht.

In den Hochlagen der Gebirge wurde der Laubwald von Urwäldern aus Fichte, Tanne und Kiefer abgelöst. Diese Nadelbäume, eigentlich im hohen Norden beheimatet, hatten sich nach den Eiszeiten auf die „Kälteinseln" zurückgezogen. Hier fanden sie ein Klima, welches dem Sibiriens entsprach. Hier konnten die zugehörigen Tierarten wie Waldameisen oder Auerhühner überleben.

In den Hochlagen gibt es natürliche Nadelwälder, die in dieser Kältezone seit den Eiszeiten überlebt haben. Daraus abzuleiten, sie seien auch in Tieflagen heimisch und ließen sich dort problemlos anbauen, ist ein Fehler, den die Natur durch Sturmwürfe und Borkenkäferbefall deutlich aufzeigt.

Rote Waldameisen sind Kulturfolger in Nadelholzplantagen. Unser Naturverständnis ist so abgedriftet, dass wir sie mittlerweile als schützenswerte Tierart betrachten.

Wo gibt's noch echten Wald?

Ob Laub- oder Nadelurwälder, alle sind verschwunden. Schon die Kelten holzten etwa den Schwarzwald ab, und spätestens im Mittelalter, dem „hölzernen Zeitalter“, ging es den restlichen Wäldern an den Kragen. Vor der Entdeckung von Öl und Kohle als Energieträger gab es nur Holz, und das wurde gnadenlos übernutzt. Kahle Bergkuppen auf alten Landschaftsgemälden signalisieren, dass vielerorts nur noch wenige Krüppelbäume überlebt hatten. Erst um 1800 setzte ein Umdenken ein, wurde mit Schrecken das Ende der Fahnenstange gesehen, und seitdem kehrten die Wälder zurück. Wälder? Es waren und sind bis heute Plantagen, Pflanzungen von Bäumen, die nur noch entfernt an Natur erinnern. Fichten und Kiefern wurden aus ihren Kleinstrefugien in den Bergen in die Mittelgebirge und Tieflagen gebracht, schön in Reih und Glied gesetzt und planmäßig nach 100 Jahren kahl geschlagen. Auf dem Großteil der heutigen Waldfläche sind diese Baumarten so heimisch wie Kokospalmen, müssen die Tiere, die in ihrem Schlepptau nachgereist sind, streng genommen als Kulturfolger gelten.

Springschwänze gehören zusammen mit anderen Kleinstlebewesen zu einer Art Bodenplankton, sind Ausgang der Nahrungskette des Waldes. Was ihr Verschwinden für Konsequenzen hat, wissen wir nicht, denn für solcherlei Forschungen gibt es kaum Gelder.

An diese tristen Monokulturen haben sich mehrere Generationen so gewöhnt, dass wir gar nicht mehr wissen, wie echter Wald aussieht. Und was wir alles verloren haben, können wir kaum bemerken, weil sich vieles davon im Boden abspielt. Der Großteil der Artenvielfalt besteht aus Kleinstlebewesen wie Hornmilben und Springschwänzen.

Von beiden gibt es jeweils so viele verschiedene Spezies wie Vogelarten in Mitteleuropa. Wird Buchenurwald allerdings gegen Fichtenplantagen getauscht, so verschwinden diese Knilche, ohne dass jemand etwas bemerkt. Und mit dem Tausch der Baumart ist das Unheil noch nicht vorüber: Seit rund 30 Jahren werden Waldarbeiter zunehmend durch Maschinen ersetzt. Diese Kolosse zerdrücken den empfindlichen Boden mit bis zu 50 Tonnen Gewicht. In Sekundenschnelle wird das Porengefüge zerstört, erstickt sämtliches Bodenleben. Nach dem aktuellen Stand der Kenntnis lässt sich so etwas nicht mehr regenerieren – auch in 1000 Jahren nicht. Dabei spielt es kaum eine Rolle, dass die Maschinen auf Breitreifen daherrollen, die kaum noch Spuren erzeugen.

Durch die Motorvibration entsteht ein Rüttelwalzeneffekt, der bis in tiefe Schichten alles verdichtet. Dabei geht es nicht nur den Hornmilben und Springschwänzen an den Kragen, sondern auch den Bäumen selbst. Normalerweise funktioniert intakter

Ob die Befahrung durch Maschinen sichtbare Spuren hinterlässt oder nicht, ist eher eine kosmetische Frage. In jedem Fall werden irreparable Schäden hinterlassen, die das Ökosystem Wald über Jahrtausende verändert.

Waldboden wie ein Tank. Über den Winter speichert er einen Großteil der Niederschläge – die Bäume sind ja jetzt laublos und verbrauchen nichts. Im Sommerhalbjahr hingegen ist der Durst von Buchen, Eichen und anderen Arten größer als das, was durch Regenfälle nachgeliefert wird. Nun zehren sie von den Wintervorräten und überstehen auch einmal eine längere Trockenperiode. Bis zu 25 m³ Wasser (entspricht 50 gefüllten Badewannen) kann im Wurzelraum eines ausgewachsenen Baumes gespeichert werden. Ist allerdings eine Maschine darübergerollt, so ist der Tank platt gefahren, reduziert sich das Speichervolumen um bis zu 95 % – das wäre dann nur noch 1 m³. Bei einem Maximalverbrauch von mehreren Hundert Litern pro Tag geht da einer Buche ganz schnell die Puste aus. Mit der viel gepriesenen Nachhaltigkeit, deren 300-jährige Definition kürzlich erst gefeiert wurde, hat so eine Wirtschaftsform nichts mehr zu tun. Aber eine Maschine kann zwölf Waldarbeiter ersetzen, kann pro Kubikmeter eingeschlagenen Holzes ein paar Euro billiger arbeiten – das scheint momentan vielerorts schwerer zu wiegen.

In Bezug auf den Klimawandel wird sich dies rächen. Prognostiziert werden mehr Hitzetage und geringere Niederschläge. Unter dem Strich heißt das für den Wald Wasserstress oder Durst. Nun steuern viele Betriebe um, indem sie Baumarten wie etwa die nordamerikanische Douglasie pflanzen, die vermeintlich besser mit Trockenheit zurechtkommt.

Zum einen stimmt das so nicht, wie absterbende Wälder in deren ursprünglicher Heimat in Nordamerika schon heute zeigen. Zum anderen wird unnötigerweise eine fremde Baumart mit all ihren negativen Folgen für die heimischen Waldarten immer weiter verbreitet. Dem prognostizierten Wassermangel könnten wir ganz einfach begegnen, indem wir den Boden nicht durch Befahrung zerstören. Doch wenn wir den Wasserhaushalt schon heute massiv beeinträchtigen und zur Krönung weitere anfällige Monokulturen pflanzen, brauchen wir gar nicht auf einen massiven Klimawandel zu warten: Dessen negative Auswirkungen haben schon jetzt vielerorts eine rücksichtslose Bewirtschaftung herbeigeführt.

Die Douglasie, eine eingeführte Baumart aus dem Westen Nordamerikas, soll es nun richten. Schnelles Wachstum und eine gute Trockenverträglichkeit werden ihr nachgesagt. Dabei zeigt sich zunehmend, dass sie mehr Probleme verursacht als löst.

Was ist denn hier passiert?

Da in Mitteleuropa rund 98 % der Wälder forstwirtschaftlich genutzt werden, sind die Spuren von Waldarbeitern und Förstern noch vor denen von Tieren mit Abstand die häufigsten. Daher gibt es in jedem Wald (oder besser: in jedem Forst) reichlich Hinweise auf menschliche Eingriffe. Da wäre zunächst die Pflanzung: Sie ist notwendig, weil immer noch an den Altersklassenwäldern festgehalten wird. Eine Parzelle besteht aus einer bis drei, seltener mehr Baumarten, die alle gleich alt sind. Daher werden die Bäume auch zum selben Zeitpunkt erntereif, was die Planung großer Waldbesitztümer vereinfacht: Dieses Jahr ist dieses „Kästchen" mit der Nutzung dran, nächstes Jahr jenes.

Altersklassenwälder erkennen wir gut aus der Vogelperspektive: Der Forst gleicht einem schachbrettartigen Vorratslager und bleibt überschaubar. Mit Natur hat dies allerdings nichts mehr zu tun.

Zu Beginn werden die meisten Bäumchen, schön in Reih und Glied ausgerichtet, in den Boden gepflanzt. Der Abstand untereinander ist immer gleich, um die Fläche optimal zu füllen, und sehr eng: Alle ein bis zwei Meter kommt ein Baum. Das ist notwendig, weil Schatten spendende Altbäume fehlen, die ein langsames Wachstum und vor allem dünne Seitenäste beim Nachwuchs bewirken. Der Dichtstand der Pflanzung bewirkt Ähnliches: ein schlankes Wachstum mit dünnen Seitenästen. Bretter aus solchem Holz haben dann ebenfalls nur dünne Asteinschlüsse und sind besser vermarktbar. Ist es eines Tages so weit, dass Holz geerntet werden kann, werden die Bäume zunächst mit Sprühfarbe markiert. Sie erhalten von zwei Seiten einen schrägen Strich in orange oder gelb. Heutzutage rollt dann meist eine Maschine an: der Harvester.

Der Harvester oder auch Vollernter arbeitet so schnell wie zwölf Waldarbeiter.

Der Harvester hinterlässt die typischen Spuren: glatte Baumstümpfe und „gepunktete" Stämme am Wegesrand.

Durch das Einsägen eines sogenannten Fallkerbs kann der Waldarbeiter den Baum in die gewünschte Richtung fällen, ohne dass es dazu einen großen Kraftaufwand braucht.

Er kann fällen, Äste entfernen und auf die gewünschten Längen einschneiden. Die Baumstümpfe weisen einen glatten Schnitt ohne Stufe auf, das Holz am Weg ist mit Eindrücken der Stachelwalze übersät, die den Stamm durch das Aggregat zieht.

Wird traditionell mit Waldarbeitern gefällt, dann sehen die Stümpfe hinterher anders aus: Es ist eine Art Treppe vorhanden, die ein gezieltes Fällen erlaubt – schließlich fehlt hier der starke Maschinenarm, der den Stamm einfach in die richtige Richtung legt. Die untere Stufe zeigt dabei immer dahin, wo die Baumspitze lag.

Die Entnahme einzelner Bäume dient neben der Holzgewinnung meist der Förderung besonders wertvoller Exemplare. Diese erhalten durch die Beseitigung von Nachbarn mehr Licht und können so schneller wachsen. Damit können sie auch schneller geerntet werden, was die Zeit von der Pflanzung bis zum fertigen Stamm verkürzt und die Rendite erhöht.

Wertvollere Exemplare erhalten eine Markierung und gelten als Z-Baum (Zukunftsbaum). Sie werden von Nachbarn befreit, um schnell dick zu werden.

Die gefällten Bäume werden nach der Entastung an den nächsten Waldweg gebracht. Dazu legen Förster im Abstand von 20 bis 40 m sogenannte Rückegassen an. Das sind Maschinenwege, die mindestens 4 m breit sind und von allen Bäumen befreit werden. Hier dürfen Forwarder (Tragschlepper) fahren, die Stammteile bis 5 m Länge einsammeln.

Der Forwarder sammelt die Stammteile auf, die ein Harvester zurechtgesägt hat.

Ganze Stämme bis 20 m Länge werden von einem Traktor mit Seilwinde herausgeschleift. Dies verursacht durch den herumschwenkenden Stamm oft Schlagschäden an stehenden Bäumen. Die rücksichtsvollste Methode ist das Herausziehen mit Pferden, wie es in ökologisch wirtschaftenden Betrieben zur Bodenschonung praktiziert wird – ein Huf verdichtet das Erdreich kaum.

Der Einsatz von Pferden ist ein wenig teurer, rechnet sich aber durch die Vermeidung von Bodenschäden. Der Wald bleibt gesund und produktiv, während er durch Maschineneinsätze häufig stark geschädigt wird.

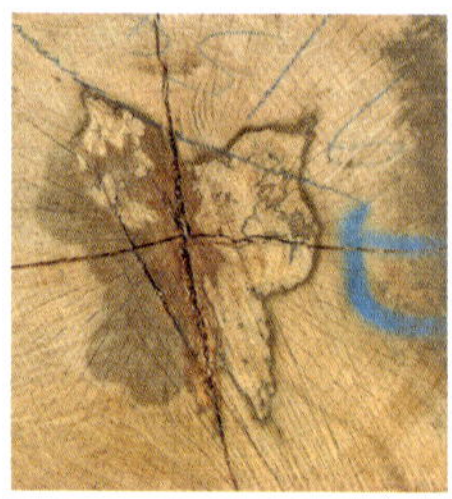

Das Holz wird mit dem Kürzel der Käuferfirma markiert; manchmal ist auch die Waldabteilung vermerkt, aus der es stammt.

Liegt das Holz am Weg, so ist es bereit für die Abfuhr per LKW. Damit der Fahrer das richtige Holz findet, ist es mit Sprühfarbe beschriftet. Die einzelnen Stämme sind oft nummeriert, um in Streitfällen zwischen Käufer und Verkäufer das Maß nachvollziehen zu können.

Wildtiere in Angst

Warum sehen wir in den Nationalparks Afrikas oder Nordamerikas so viele Wildtiere, warum haben sie dort ihre Angst vor dem Menschen verloren? Ursächlich ist die Jagd, die in diesen Reservaten nicht ausgeübt werden darf, und so sehen uns Zebras, Elefanten oder Löwen nicht als „Raubtiere". Hier bei uns liegt der Fall ganz anders: Fast die gesamte freie Landschaft ist in Jagdreviere eingeteilt und wird im deutschsprachigen Raum von rund 400 000 Jagdscheininhabern genutzt. So steht an jeder Ecke ein Hochsitz, von dem aus in der Dämmerung geschossen werden kann.

Wenn wir uns einmal anschauen, wie wenig offene Flächen übrig bleiben, die nicht von solchen Jagdeinrichtungen eingesehen werden können, dann wird schnell klar, dass Rehe und Hirsche sich tagsüber nur in dichten Wäldern aufhalten können, ohne sich ständig bedroht zu fühlen. Sie wissen nämlich sehr genau, dass das Augentier Mensch im Dickicht nichts mehr sieht. Das trifft auch auf die Nacht zu – dann trauen sich die großen Säugetiere wieder nach draußen. Wildschweine, Rehe und Hirsche sind entgegen landläufiger Meinung nicht von Natur aus nachtaktiv, sondern müssen auch tagsüber regelmäßig fressen. Da ihnen die saftigen Wiesen im Hellen zu

Hochsitze sind für Wildtiere gefährliche Objekte, von denen aus immer wieder auf sie geschossen wird. Wenn möglich, meiden sie daher diese Bereiche – zumindest ältere, erfahrene Tiere.

gefährlich sind, vertilgen sie im Inneren der Wälder das, was dort verfügbar ist. Vor allem Rehe machen sich in der kalten Jahreszeit mit Vorliebe über die Knospen junger Laubbäume her. Bis zu 10 000 Stück davon verspeisen sie pro Tag. Die befressenen Bäumchen, so sie denn überleben, kümmern anschließend zeitlebens verkrüppelt vor sich hin.

Typischer Verbiss durch Rehe: Die Knospe ist abgerupft, nicht abgebissen, weil die Tiere nur im Unterkiefer Schneidezähne haben.

Kirrungen sind Lockfütterungen, die einen ruhigen Schuss auf Wildschweine erlauben sollen. Pro Wildschwein werden jedoch im Laufe der Monate über 100 kg Mais ausgebracht – genug, um sie damit in einem Stall ausschließlich zu füttern. So eine Praxis stellt nichts anderes als eine Haustierhaltung im Wald dar.

Das wäre nicht weiter schlimm, denn in Urwäldern stehen ein bis zwei Rehen pro Quadratkilometer zig Millionen Sämlinge gegenüber. In unseren Wirtschaftsforsten haben sich die Wildbestände vor allem durch Fütterung mit Mais und Heu bis zum 50-fachen erhöht. Diese Fütterungen werden oft als „Kirrung“ getarnt, also als Lockfütterung mit Kleinstmengen, die nur dem Abschuss dienen.

Tatsächlich werden die Wildtiere damit aber so massiv ernährt, dass sie sich munter immer weiter vermehren. Feinde wie der Wolf und der Luchs wurden großflächig ausgerottet, und wenn sie zurückkehren, fallen etliche der Tiere illegalen Abschüssen zum Opfer. Sie gelten in Jagdkreisen als unerwünschte Konkurrenz um die sorgsam herangehegten großen Wildbestände. Bei den Fütterungen geht es nicht um Tierschutz, denn sonst

Auch Hirsche haben nur im Unterkiefer Schneidezähne. Mit ihnen reißen sie die Rinde von Bäumen aller Art von unten nach oben ab („Schälen“ genannt). Die Stämme beginnen daraufhin zu faulen, sind wirtschaftlich fast wertlos und werden daher oft in jungen Jahren schon gefällt. Alte Wälder können so nicht mehr entstehen.

müssten auch nicht bejagbare Arten unterstützt werden. Heuraufen oder Tröge gelten jedoch nur dem Wohl von Spezies, deren Trophäen irgendwann im heimischen Wohnzimmer landen sollen. Rothirsche verursachen besondere Probleme: Eigentlich sind es Steppentiere, die sich in Flussauen oder im Bereich der Baumgrenze der Gebirge aufhalten. Durch die Jagd in den Wald vertrieben, haben sie tagsüber nagenden Hunger. Den stillen sie, indem sie die Rinde der Bäume herunterreißen und verspeisen. Das schmeckt ihnen zwar nicht so gut wie Gras, füllt aber immerhin den Magen.

In der Folge faulen die Bäume und brechen dann eines Tages bei einem Wintersturm ab. Und die Wildschweine? Wie könnte es anders sein, als dass auch diese, von Jägern im Bestand hochgepäppelte Art durch ihre schiere Zahl den Wald aus dem Tritt bringt. Hier setzt das Unheil allerdings noch viel früher an. Buchen und Eichen vermehren sich nur alle 4 bis 5 Jahre, damit sich die Tiere nicht auf den Nahrungssegen einstellen können (so lange kann keiner warten, ohne zu verhungern). Wenn sie schließlich fruchten, dann in solchen Mengen, dass garantiert Millionen von Samen unbehelligt keimen könnten. Könnten. Denn durch die Fütterung, die den Schweinebestand permanent hochhält, werden 99 % der herabfallenden Bucheckern und Eicheln von den Rüsseltieren gefunden und gefressen.

Das Zerwühlen des Waldbodens nennen wir „Brechen". Wildschweine erschnüffeln fast jede Buchecker und jede Eichel. Sie verhindern damit Laubbaumnachwuchs und fördern indirekt Nadelbäume, da diese nun ohne Konkurrenz wachsen können.

Eine Suhle ist meist ein zerstörtes Quellgebiet oder ein Feuchtbiotop, das in diesem verschlammten Zustand kaum noch Leben beinhaltet.

Laubbaumnachwuchs suchen wir vielerorts vergebens, denn die wenigen Sämlinge, die im Frühjahr das Licht der Welt erblicken, werden von Rehen und Hirschen vertilgt. Wildschweine werden von Hautparasiten geplagt, und um diese loszuwerden, wälzen sie sich gerne im Schlamm. Den gibt es im Wald in Quellgebieten, die in vielen Fällen von den Tieren im Rausch

Ein sogenannter Mahlbaum, an dem sich Wildschweine scheuern. Bei genauem Hinsehen finden wir hier Wildschweinhaare, die im Rausch des heftigen Reibens hängen geblieben sind und die Verursacher verraten.

des Bades völlig umgewühlt und aufgerührt werden. Dabei werden diese empfindlichen Ökosysteme zerstört. Seltene Quellschnecken zum Beispiel, Relikte aus der letzten Eiszeit, haben sich aus den einstigen Gletscherabflüssen in die kühlen Kleinbiotope gerettet. Wenn nun daraus eine Schlammpackung wird, hauchen sie ihr Leben aus.

Ist der Schlammpanzer angetrocknet, dann scheuern ihn die Wildschweine an Bäumen ab. Dazu suchen sie immer wieder diesselben Exemplare auf, die sie im Laufe der Zeit bis aufs Holz durchreiben.

Gut tut das den Bäumen nicht, aber in diesem Fall sind es nur wenige, die von den Schweinen beansprucht werden.

Durch die Bekämpfung der Tollwut, die die Fuchsbestände regelte, breiten sich nun ersatzhalber andere Krankheiten aus. Der Fuchsbandwurm ist eine davon, wenngleich auch für uns kaum von Bedeutung.

Gefährliche Wildnis

Die Wälder Mitteleuropas sind harmlos geworden: Wir können uns kaum ernsthaft verlaufen, weil Hunderttausende Kilometer Weg sie durchschneiden. Finstere Räuberbanden gibt es nicht mehr, und die paar Raubtiere, die hindurchziehen, haben mehr Angst vor uns als wir vor ihnen. Und was machen wir mit unserer Angst? Sie wird auf die kleineren Gefahren konzentriert. Wie wäre es mit dem Fuchsbandwurm? Dieser Schmarotzer lebt im Darm von Füchsen, seine Eier werden mit dem Kot ausgeschieden. Diese staubförmigen Kügelchen nehmen Mäuse auf, die anschließend am Zwischenstadium erkranken und dadurch leichter vom Fuchs gefangen werden können – der Kreislauf schließt sich.

Wenn nun der Mensch versehentlich die Eier aufnimmt, erkrankt auch er schwer. Sicherheitshalber essen nun die meisten Waldbesucher keine Walderdbeeren und Blaubeeren mehr – doch wie hoch ist das Risiko wirklich? Mit Fuchsfell und Fuchskot kommen wir nicht in Berührung, und die Aufnahme über Beeren ist unwahrscheinlicher als ein Lottogewinn. Eine viel höhere Gefahr liegt bei den eigenen Haustieren: Wenn der eigene Hund eine Maus frisst, kann er später ebenfalls Eier ausscheiden. Hier können sich Herrchen und Frauchen viel schneller infizieren, Abhilfe schaffen regelmäßige Wurmkuren. Keine Angst also vor den Beeren im Wald!

Bei Zecken sieht die Lage schon anders aus. Durch die starke Vermehrung, vor allem der Rehe, konnte sich dieser Parasit stark ausbreiten. Im Schlepptau trägt er oft eine Bakterienart, den Borrelioseerreger, der beim Stich in das Opfer injiziert wird. In vielen Fällen zeigt sich um die Einstichstelle eine sogenannte Wanderröte, ein großer, roter Fleck, der sich ausbreitet. Jetzt ist ein Arztbesuch mit anschließender Antibiotikatherapie angesagt, denn Borreliose ist eine gefährliche Krankheit, die sich auf das Nervensystem, die Gelenke und das Herz ausdehnt und dort dauerhafte Störungen verursacht. Zeigt sich die Wanderröte nicht, so muss das keine Entwarnung sein – die Borreliose kann auch im Verborgenen zuschlagen. Im Zweifelsfall verrät eine Blutuntersuchung, ob eine Infektion erfolgt ist. Wenn wir durchs Unterholz oder Gras gestreift sind, sollten wir auf dem nächsten Waldweg die Vorderseite unserer Beine inspizieren. Hier landen 95 % aller Zecken, die wir so schon einmal absammeln können. Bohrt sich dennoch ein Exemplar ein, dann sollte es durch geraden Zug nach oben entfernt werden. Wichtig ist, dabei nicht den Hinterleib zu quetschen, da das Tierchen ansonsten im Todeskampf Speichel mit Bakterien in die Wunde entlässt. Hilfreich sind Pinzetten oder Spezialzangen, die es z. B. in Apotheken gibt.

Eine Impfung gegen Borreliose ist zurzeit nicht möglich, wohl aber gegen FSME (Frühsommer-Meningoenzephalitis). Das ist eine Viruserkrankung, die ebenfalls durch Zecken übertragen wird. Sie ist allerdings viel seltener als Borreliose, daher empfiehlt sich eine Impfung nur für Risikogruppen (Jäger, Förster) oder bei längeren Aufenthalten in Risikogebieten.

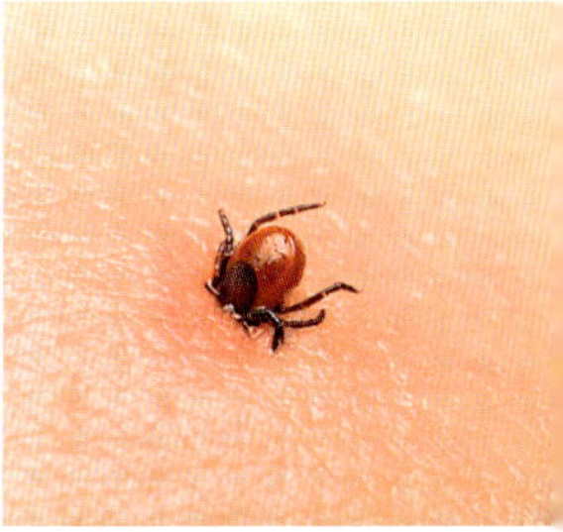

Werden Zecken innerhalb von 24 Stunden entfernt, so hat in der Regel noch keine Infektion stattgefunden. Bei späterer Entdeckung ist ein Arztbesuch mit Blutuntersuchung angesagt.

Sport auf Waldwegen ist tierschutzgerecht, solange er nicht zu leise ausgeübt wird.

Rettungspunkte werden von Rettungswagen gefunden; die restliche Entfernung bis zur Unfallstelle kann mit einer Trage überbrückt werden.

Wie sieht es eigentlich umgekehrt aus, wie fühlen sich Wildtiere in Anwesenheit von Wanderern und Pilzsuchern? Wir haben ja schon über die Angst von Reh und Co. vor Menschen gesprochen, ausgelöst durch die Jagd. Wenn nun Kinder lärmend im Wald Fangen spielen, Nordic-Walkerinnen klappernd über die Wege hasten oder ein Wanderverein mit einem Lied auf den Lippen marschiert – löst dies nicht tierischen Stress aus?

Die Antwort ist einfach: Alles, was Krach macht, ist für Wildtiere in Ordnung, was leise ist, verursacht Angst. Gute Beobachtungsmöglichkeiten ergeben sich auf Truppenübungsplätzen während des Schießbetriebs von Panzern (so man denn hereindürfte). Friedlich äsen dann große Rudel von Hirschen, ohne sich um die Detonationen zu kümmern. Die Lösung für dieses paradoxe Verhalten liegt in der Tatsache, dass tierische und menschliche Jäger leise unterwegs sind. Das müssen sie auch, um nicht auf sich aufmerksam zu machen. Wer lärmt, jagt hingegen nicht und ist nebenbei gut zu orten. Eine Familie, die sich unterhaltend von A nach B bewegt, ist für Rehe und Hirsche berechenbar. Sie wissen zudem aus Erfahrung, dass sich ein Großteil der Waldbesucher an die Wege hält, und liegen oft nur ein paar Meter neben den Besuchern im Gebüsch. Pilzsucher ähneln in ihrer Geräuschkulisse Jägern. Sie bewegen sich geräuscharm durchs Unterholz, es knackt hier ein wenig, dort erfolgt ein leiser Räusperer – da ziehen sich die Wildtiere sicherheitshalber weiträumig zurück. Regelrechte Panik verursachen Mountainbike-Fahrer, die abseits der Wege zwischen den Bäumen entlangschießen. Sie werden von Tieren erst im letzten Augenblick wahrgenommen und lösen eine wilde Flucht aus.

Wenn im Wald mal ein Unglück passiert, kann neuerdings schnell Hilfe herbeigeholt werden. Dazu gibt es in regelmäßigen Abständen Rettungspunkte, die mit einer Tafel markiert sind. Der Leitstelle wird die aufgedruckte Nummer durchgegeben, und die Fahrer können dann anhand von Karten und GPS den Punkt zielgenau aufsuchen.

Mountainbikes abseits der Wege lösen Panik aus, weil Wildtiere sich von Raubtieren angegriffen wähnen.

Charaktersache

Kommen wir noch einmal zu den Protagonisten des Waldes, zu den Bäumen, zurück. Sie sind keine Bioroboter, keine Holzproduktionsmaschinen, zu denen sie angesichts von Rohstoffmangel und Biomassebedarf immer häufiger degradiert werden. Wenn wir genauer hinsehen, dann entdecken wir, dass es fühlende Wesen sind, die ihre ganz eigenen Ziele verfolgen. Das beginnt schon beim Nachwuchs. Er muss sich im Schutze seiner Eltern manchmal mehr als 100 Jahre gedulden, bevor er Licht und Wachstumsmöglichkeiten bekommt (dazu muss ein alter Baum in der Nähe sein Leben aushauchen). Das Blätterdach der Eltern lässt nur etwa 1 % des Sonnenlichts auf den Boden gelangen – zu viel zum Sterben, zu wenig zum Leben. Damit den Kleinen nichts geschieht, versorgen sie die Mutterbäume über die Wurzeln mit Zucker. Das Warten zeigt sich in extrem kurzen Jahrestrieben.

Das Alter von wartenden Jungbuchen lässt sich zählen: Nach jedem Jahrestrieb bilden sich zur neuen Knospe hin knotenförmige Ringe auf der Astrinde. Diese Ringe können wir zählen.

Das langsame Wachstum hat einen starken erzieherischen Effekt. Junge Urwaldbäume wachsen in Kindergärten auf, stehen oft zu Hunderten nahe beisammen. Da kann nur überleben, wer schön gerade nach oben wächst. Kobolde, die aus der Reihe tanzen, nach links und rechts pendeln und so krumme Stämmchen bilden, sterben rasch. Die anderen gewinnen schneller an Höhe und knipsen ihnen dabei regelrecht das Licht aus. Übrig bleiben nach vielen Jahrzehnten nur ein paar schnurgerade Halbwüchsige, und die haben nun beste Überlebenschancen. Die Holzfasern ziehen sich gleichmäßig von unten nach oben durch den Stamm und brechen dadurch bei starken Stürmen nicht so leicht wie bei krummen Bäumen, in deren Holz wegen der vielen Kurven enorme Spannungen auftreten. Abgebrochene Exemplare waren also grundsätzlich schlecht erzogen!

Trotz dieser strengen Erziehung haben erwachsene Bäume sehr unterschiedliche Charaktereigenschaften. Dies lässt sich besonders gut beim herbstlichen Laubfall, vor allem bei Buchen, sehen. Laubbäume trennen sich von ihren „Solarzellen“, um im Winter weniger Angriffsfläche für Stürme zu bieten. Trennen können sie sich aber nur aktiv durch Bildung einer Trennschicht noch vor den ersten starken Frösten, weil sie danach bis zum Frühjahr inaktiv sind, also so etwas wie Winterschlaf halten. Doch wann kommt der erste starke Frost? Das kann selbst ein Baum nicht erahnen. Vorsichtige verfärben sich schon Anfang Oktober gelb und lassen es rieseln – sicher ist sicher! Die Wagemutigen setzen hingegen auf einen sonnigen Oktober, nutzen die letzten warmen Tage, um noch mehr Zucker für den Start im nächsten Frühjahr einzulagern. Doch manchmal überspannen sie den Bogen und werden vom Frost überrascht. Nun bleiben die braunen Blätter den Winter über an den Zweigen. Diese Übermütigen müssen ein höheres Risiko bei Stürmen ertragen, umgeworfen zu werden.

Baumeltern erziehen ihren Nachwuchs über Lichtdrosselung zu geradem, langsamen Wuchs. Unerzogene Bäume mit rasch gewachsenem und krummen Holz brechen leichter ab und büßen als ausgewachsener Baum oft mit ihrem Leben.

Zwei unterschiedlich risikobereite Buchen im Herbst: Die linke wirft vorsichtshalber schon ihr Laub ab, während die rechte weiter Sonne tankt.

Im Frühjahr läuft das Spielchen genau anders herum: Die Wagemutigen treiben zuerst aus (obwohl noch starke Spätfröste kommen und das frische Grün zerstören könnten), die Vorsichtigen warten lieber weitere zwei Wochen ab. Diese Risikobereitschaft zeigt sich ebenfalls in seitlichen Ästen am Stamm. Als korrekter Urwaldbaum hat man unterhalb der Krone keine Abzweigungen zu haben. Die dünnen Seitenäste der Jugend sind durch Lichtmangel in diesem Bereich längst abgefallen und von gesundem Holz überwachsen, die Rinde präsentiert sich makellos glatt. Dickköpfe meinen nun, sie könnten doch auch die 3 % Restlicht noch verwerten, bevor es nutzlos den Boden beleuchtet. Dazu treiben sie erneut Äste aus schlafenden Augen in der Rinde aus und bestücken sie mit Blättern. Das ist gefährlich: Sterben diese Triebe irgendwann wieder ab, bleibt an der Stelle des abgebrochenen Totastes ein Loch im Stamm. Das muss der Baum nun flicken, indem er es zuwächst. Je nach Astdicke dauert dies etliche Jahre. Maß der Ast mehr als 3 cm im Querschnitt, so dringen Pilze schneller ins Stamminnere vor, als der Baum dichtmachen kann. Nun fault er über viele Jahre innerlich vor sich hin, bis er von einem Sturm gebrochen wird.

Manchmal werden solche Seitentriebe aber in besonders tragischen Situationen gebildet. Eichen, die gemischt mit Buchen aufwachsen, werden von diesen in die Zange genommen. Die Buchen unterwandern mit ihren Wurzeln die der Eichen. Oben in der Krone mogeln sie sich mit ihren Schatten verursachenden Blättern in die Zweige der lichtbedürftigen Konkurrenten, überwachsen diese schließlich und verhindern deren Fotosynthese. In ihrer Todesangst, zu verhungern, bilden die Eichen „Angstreiser" am Stamm. Da oben das Licht ausgeht, versuchen sie unten noch Sonnenstrahlen zu ergattern. Das ist natürlich erst recht unmöglich, denn hier ist es ja noch dunkler. Aber in Panik macht man eben auch als Baum unsinnige Dinge.

Diese Buche ist besonders dickköpfig: Sie treibt ständig neue Zweige am Stamm aus, die infolge von Lichtmangel nach kurzer Zeit wieder absterben. Anstatt es nun gut sein zu lassen, wiederholt sie das Spiel wieder und wieder. Im Laufe der Jahrzehnte bilden sich dicke Beulen an den Austriebsstellen. Dieser „Buckelwal" zeigt dadurch seine Uneinsichtigkeit.

Eine Eiche in Todesangst bildet als letzten Versuch solche „Angstreiser" am Stamm, die ihr nicht mehr viel nutzen. Sie wird von den benachbarten Bäumen vom Licht abgeschnitten und verhungert. Solche Todeskämpfe ziehen sich oft über viele Jahre hin.

Ein Alarmzeichen bei großen Bäumen ist das Absterben von Ästen im obersten Kronenbereich. Hier ist die vitalste Zone, hier wird jedes Jahr weiter an Höhe zugelegt. Verlieren Urwaldbäume ihre Nachbarn der gleichen Art, wird das soziale Netz zarter Wurzelbande zerrissen, über das sie sich austauschen und im Krankheitsfall mit Zuckerlösung unterstützen, dann schwächeln sie. Je brutaler die Durchforstung, je freier ein solcher Baum nach Holzerntemaßnahmen in Sonne und Regen steht, desto schneller sein Siechtum. Erst trocknen die dünnen Zweige von oben her aus und sterben ab, später brechen ganze Äste herunter und lassen den Baum schrumpfen. Beschleunigt wird das ganze durch die Befahrung des Bodens mit Maschinen, was den Baum durch das Zerquetschen seiner „Füße" zusätzlich schwächt. „Waldsterben" nennen dies die Experten und schieben die Gründe der Industrie und dem Verkehr in die Schuhe. „Forstwirtschaft" heißt meist die wahre Quelle des Übels, die aber gerne verschwiegen wird.

Oben eine alte gesunde, links eine alte kranke Buche. Gerne sprechen Förster neben dem Waldsterben von „Überalterung“ der Bäume, die für das Absterben verantwortlich sei. Dabei sind die Buchen und Eichen mit rund 200 Jahren erst bei der Hälfte ihrer natürlichen Lebenserwartung angekommen.

Der Autor

Peter Wohlleben, Wershofen (Rheinland-Pfalz), studierte Forstwirtschaft und kündigte nach 23 Jahren seine Beamtenstelle bei der Landesforstverwaltung Rheinland-Pfalz. Er gründete eine Waldakademie, wo er Waldführer ausbildet und Exkursionen in die Natur leitet.

Seine Bücher und Beiträge in großen Zeitungen und Illustrierten werden inzwischen von einer großen Zahl von interessierten Menschen gelesen. Er ist Stammgast in Funk und Fernsehen. Überall ist seine Meinung gefragt.

Bildquellen

Seitenzahlen mit einer anhängenden -2 weisen auf die kleinen Fotos auf den entsprechenden Seiten hin.

aaltair/Shutterstock.com: 95-2; Aksenova Natalya/Shutterstock.com: 241; Aleksey-Karpenko/Shutterstock.com: 48-2; Alexander Erdbeer/Shutterstock.com: 56-2; Amy Johansson/Shutterstock.com: 181; Areipa.lt/Shutterstock.com: 44; Baumeister, Werner: 57-2, 148, 148-2, 150, 161-2, 168, 180; Bellmann, Heiko/Frank Hecker: 59, 63, 63-2, 65-2, 67, 67-2, 70, 81, 92, 93, 97-2, 100, 100-2, 101, 108-2, 109, 119, 127-2, 139-2, 155, 165-2, 171-2, 176, 196, 198, 205, 209, 210, 220, 160 links, 161 links, 180 links, 200 links, 200 rechts, 206 rechts; Benisch, Christoph/Frank Hecker: 68-2, 69-2; Bildagentur Zoonar GmbH/Shutterstock.com: 95, 171, 172-2; Bilderwelt Natur über Hecker: 212; blickwinkel/R. Koenig: 120-2; blickwinkel/R. Sturm: 97; blickwinkel/S. Derder: 189-2; Bonanni, Nico: 231 u.; Brian Lasenby/Shutterstock.com: 16; Colourbox.de: 30, 52 (3), 242 o.; Cornelia Pithart/Shutterstock.com: 108; Dariusz Majgier/Shutterstock.com: 105; David Dohnal/Shutterstock.com: 36; Erni/Shutterstock.com: 41; F_studio/Shutterstock.com: 172; Gillian Holliday/Shutterstock.com: 175; Grigorii Pisotsckii/Shutterstock.com: 218; Gucio_55/Shutterstock.com: 84; Hassler, Michael/Frank Hecker: 190, 190-2, 199 links, 199 rechts, 204; Hecker, Frank: 8-2, 15, 22, 23, 25, 46-2, 52-2, 53-2, 54, 54-2, 58-2, 61, 64-2, 66-2, 70-2, 72, 72-2, 73, 73-2, 74, 75-2, 77, 77-2, 79, 80-2, 87, 98, 99, 99-2, 101-2, 102, 102-2, 103, 103-2, 104, 104-2, 107, 115-2, 118-2, 120, 121, 122-2, 124-2, 125, 126, 127, 129-2, 130, 130-2, 132, 134, 135-2, 136, 137, 138, 139, 143, 144, 145, 156, 159, 163-2,

165, 166, 167, 179, 183-2, 185, 185-2, 189, 192, 192-2, 194, 208, 211, 213, 213-2, 215, 216, 217, 223, 160 rechts, 180 rechts, 239 o.; Hector Ruiz Villar/Shutterstock.com: 55; Hippocampus Bildarchiv: 177; Ian Bracegirdle/Shutterstock.com: 39; iliuta goean/Shutterstock.com: 28; Irina Borsuchenko/Shutterstock.com: 133-2; jarda schuler/Shutterstock.com: 90; Joop Snijder Photography/Shutterstock.com: Umschlagfoto Wald; König, Rudolf/blickwinkel über Hecker: 69; KOO/Shutterstock.com: 49, 51; Kucharski K. Kucharska/Shutterstock.com: 128; Kurkul/Shutterstock.com: 195; LianeM/Shutterstock.com: 131; Mark Caunt/Shutterstock.com: 43; Martin Fowler/Shutterstock.com: 126-2, 149, 154 links, 154 rechts; Martin Pelanek/Shutterstock.com: 38; mauritius images: 2 (1), 6, 7, 7-2, 8, 9, 10, 13 (5), 14, 17, 18, 19-2, 24, 26, 27, 29, 30-2, 31-2, 35, 37, 41-2, 42, 42-2, 43-2, 45, 47-2, 50, 51-2, 55-2, 56, 58, 60, 62, 65, 66, 71, 76, 76-2, 78, 79-2, 80, 82, 83, 85, 86, 88, 89, 91, 96, 98-2, 116, 117, 118, 123, 125-2, 134-2, 135, 137-2, 138-2, 140, 141, 142, 143-2, 146, 147, 147-2, 151, 152, 153, 157, 158, 163, 164, 173, 174, 177-2, 181-2, 184, 187, 188, 191, 193, 193-2, 195-2, 197, 201, 202, 203, 207, 214, 227, 238, 243, 206 links; Menno Schaefer/Shutterstock.com: 11, 19; Mestel, Eckhard/Frank Hecker: 32-2; Milosz_G/Shutterstock.com: 186; Miroslav Hlavko/Shutterstock.com: 183; Naturfoto-cz/Milos Andera: 21; Olga_Phoenix/Shutterstock.com: 128-2; Ondrej Prosicky/Shutterstock.com: 32; Peter Schwarz/Shutterstock.com: 34; Piotr Krzeslak/Shutterstock.com: 20, 33; Ralf Neumann/Shutterstock.com: 121-2; Robert L Kothenbeutel/Shutterstock.com: 46; Roel Meijer/Shutterstock.com: 133; Rudmer Zwerver/Shutterstock.com: 53, 57; Ryzhkov Sergey/Shutterstock.com: 31; Sauer, Dr. Frieder/Frank Hecker: 64; Schuster, Gerhard: 110, 110-2, 111, 112, 113, 114, 115; serato/Shutterstock.com: 4; Sergey Toronto/Shutterstock.com: 106; srekap/Shutterstock.com: 124; Stefan Holm/Shutterstock.com: 170; Sue Robinson/Shutterstock.com: 184-2; SW_Stock/Shutterstock.com: 48; Swadzba, Marek R. : 94; Telekhovskyi/Shutterstock.com: 186-2; Tomatito/Shutterstock: 47; Volodymyr Burdiak/Shutterstock.com: 12; Wallner, Helene : 159-2; Winter, Klaus: 68; Wirth, Volkmar: 219, 221, 222; Wohlleben, Miriam: 250; Wohlleben, Peter: 225, 228, 229, 230, 235, 237, 240, 244, 245, 246, 247, 248, 226 o., 226 u., 231 o., 232 o., 232 u., 233 o., 233 u., 234 links, 234 rechts, 236 o., 236 u., 239 u., 242 u., 249 o., 249 u.; Wohlleben, Tobias: Porträt Autor Umschlagvorderseite; Zoonar/Andreas Volz: 40; Zoonar/ArtesiaWells: 178; Zoonar/H Landshoeft: 75; Zoonar/Himmelhuber: 122, 123-2, 129, 136-2, 169, 170-2; Zoonar/Manfred Ruckszio: 182

Register

S

T

U

V

W

Die in diesem Buch enthaltenen Empfehlungen und Angaben sind vom Autor mit größter Sorgfalt zusammengestellt und geprüft worden. Eine Garantie für die Richtigkeit der Angaben kann aber nicht gegeben werden. Autor und Verlag übernehmen keine Haftung für Schäden und Unfälle. Bitte setzen Sie bei der Anwendung der in diesem Buch enthaltenen Empfehlungen Ihr persönliches Urteilsvermögen ein. Der Verlag Eugen Ulmer ist nicht verantwortlich für die Inhalte der im Buch genannten Websites.

Bibliografische Information der Deutschen Nationalbibliothek
Die Deutsche Nationalbibliothek verzeichnet diese Publikation in der Deutschen Nationalbibliografie; detaillierte bibliografische Daten sind im Internet über http://dnb.d-nb.de abrufbar.

2. Auflage

Wollgrasweg 41, 70599 Stuttgart (Hohenheim)
E-Mail: info@ulmer.de
Internet: www.ulmer.de
Lektorat: Ina Vetter, Werner Baumeister, Sabine Drobik
Herstellung: Judith Schumann
Umschlag-Gestaltung: red.sign GbR, Stuttgart
Satz: Atelier Reichert, Stuttgart
Reproduktion: timeRay, Jettingen
Druck und Bindung: Livonia Print, Riga, Lettland
Printed in Latvia

ISBN 978-3-8186-0704-3

Hier können Sie weiterlesen:

Peter und Miriam Wohlleben versorgen sich selbst und wissen, was es zu beachten gilt. Hier steht alles über eine gute Vorbereitung, die passenden Geräte, Einschätzungen zum Zeit- und Flächenbedarf, Ratschläge zu Obst- und Gemüsesorten sowie die Haltung von Hühnern, Kaninchen, Ziegen, Bienen und anderen Nutztieren.

Wohllebens Anleitung für Selbstversorger.

Nachhaltiges Wissen über Garten und Stall. M. Wohlleben, P. Wohlleben. 3. Auflage 2021. 272 S., 260 Farbf., geb. ISBN 978-3-8186-1372-3.

Peter Wohlleben erklärt in diesem Buch den Weg zum Waldbesitzer. Waldkauf, nachhaltige Wirtschaftsweise und die Wahl der Bäume kommen ebenso zur Sprache wie Durchforstung, Ernte, eigenes Brennholz und Holzverkauf. Mit vielen Tipps aus langjähriger Erfahrung hilft er Ihnen, den eigenen Wald zu verstehen.

Mein erstes Waldstück.

Naturnah und nachhaltig bewirtschaften. P. Wohlleben. 2018. 256 S., 236 Farbfotos, geb. ISBN 978-3-8186-0263-5.